图解 果树苗木繁育关键技术

主　编　孟凡丽　苏晓田

副主编　王海荣　彭世勇　关丽霞

参　编　邵　敏　田　野　魏丽红

U0218964

机械工业出版社
CHINA MACHINE PRESS

本书采用彩色图片加文字说明的编写形式介绍了苹果、梨、山楂、桃、李子、杏、樱桃、葡萄、草莓、榛子、蓝莓和核桃共12种常见果树苗木的繁育关键技术。全书内容丰富且形象直观，与生产实践联系紧密，可操作性和实用性强，对于初学者和具有一定苗木繁育经验的人都有非常高的参考价值。另外，书中还没有"提示""注意"等小栏目，可以帮助读者更好地掌握相关知识要点。

本书适合果农、果树苗木生产者及经营人员使用，也可供农林院校相关专业的师生学习和参考，还可作为基层农业技术推广人员、新型职业农民的培训用书。

图书在版编目（CIP）数据

图解果树苗木繁育关键技术 / 孟凡丽，苏晓田主编.
— 北京：机械工业出版社，2021.11
ISBN 978-7-111-69148-8

Ⅰ.①图… Ⅱ.①孟… ②苏… Ⅲ.①果树－育苗－图解
Ⅳ.①S660.4-64

中国版本图书馆CIP数据核字（2021）第188478号

机械工业出版社（北京市百万庄大街22号　邮政编码100037）
策划编辑：高　伟　周晓伟　　　责任编辑：高　伟　周晓伟　刘　源
责任校对：李亚娟　　　　　　　责任印制：张　博
保定市中画美凯印刷有限公司印刷

2022年1月第1版·第1次印刷
169mm×230mm·9印张·185千字
标准书号：ISBN 978-7-111-69148-8
定价：59.80元

电话服务　　　　　　　　　　网络服务
客服电话：010-88361066　　机 工 官 网：www.cmpbook.com
　　　　　010-88379833　　机 工 官 博：weibo.com/cmp1952
　　　　　010-68326294　　金 书 网：www.golden-book.com
封底无防伪标均为盗版　　　　机工教育服务网：www.cmpedu.com

前　言

随着我国经济的飞速发展，我国的水果产业也得到了突飞猛进的发展，果树苗木种植成了许多人发家致富的方法之一。我国作为世界水果生产大国，水果交易市场越来越繁荣，大大促进了果树苗木市场的不断发展，果树种植面积相较于以前有了极大的扩大，但也面临着巨大挑战。现阶段，我国果树苗木市场存在着育苗者素质参差不齐、果苗市场基本无人监管和监管难度大、果苗没有进行试种、果苗质量不过关等问题，这些都严重制约了果树苗木市场的发展。

随着果树苗木生产向规模化、标准化和产业化方向发展，越来越多的生产者需要苗木繁育相关的理论知识和实践操作方面的书籍。为了便于广大果树苗木生产单位和个人对果树苗木繁育知识和操作方法的了解和掌握，我们组织编写了本书。本书采用彩色图片加文字说明的形式介绍了苹果、梨、山楂、桃、李子、杏、樱桃、葡萄、草莓、榛子、蓝莓和核桃共 12 种常见果树苗木的繁育关键技术。本书内容丰富且形象直观，与生产实践联系紧密，注重可操作性和实用性，对于初学者和具有一定苗木繁育经验的人都有非常好的参考价值。

需要说明的是，本书所用药物及其使用剂量仅供读者参考，不能照搬。在实际生产中，所用药物学名、通用名与实际商品名称存在差异，药物浓度也有所不同，建议读者在使用每一种药物之前，参阅生产厂家提供的产品说明以确认药物用量、用药方法、用药时间及禁忌等。

在本书编写过程中，参考借鉴了许多专家学者的著作和论文，在此一并致以最诚挚的感谢！由于编者知识、经验和文字水平有限，书中难免存在不妥之处，恳请读者及专家提出宝贵的意见和建议。

编　者

目　录

第一章　苹果苗木生产技术

按照培育方式的不同，苹果苗培育可以分为图 1-1 所示几种类型。

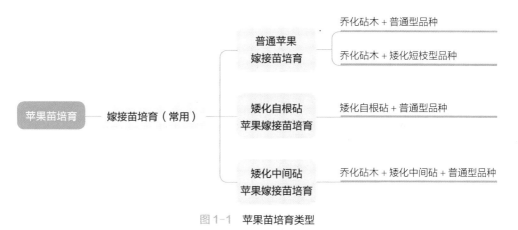

图 1-1　苹果苗培育类型

一、苗圃地的选择

苹果苗圃地土壤以土层深厚而肥沃（有机质含量为 1% 以上）的砂壤土、壤土及轻黏壤土为宜。土壤酸碱度以中性至微酸性为宜，pH 在 5.0~7.8。pH 在 7.8 以上的土壤，苗木易缺铁失绿，严重时会衰枯死亡。氯化钠含量在 0.2% 以下，碳酸钙含量为 0.2% 的土壤，砧木苗可以正常生长；碳酸钙含量在 0.2% 以上的土壤，苗木生长不良。另外，土壤中不应有危险性病虫害，如立枯病、根腐病、根癌病（冠瘿病）、根绵蚜等。

二、苹果苗的培育

（一）普通嫁接苗的培育

普通苗是以乔化砧木种子的实生苗为砧木，嫁接普通型或矮化短枝型栽培品种所繁育的苗木，是生产上广泛使用的一种育苗方法。

1. 苹果普通砧木种类及特性（表1-1）

表1-1 苹果普通砧木种类及特性

砧木种类	枯木的果实	特性
山定子		抗寒性极强，耐瘠薄，抗旱，不耐盐碱
新疆野苹果		抗旱，抗寒，较耐盐碱，生长迅速，树体高大，结果稍迟
沙果		抗涝，耐盐碱，抗旱力较强
西府海棠		种类较多，含湖北海棠、八棱海棠等。抗旱，耐涝，耐寒，抗盐碱，幼苗生长迅速，嫁接亲和力强

2. 砧木种子的采集与贮藏

选择丰产、稳产、生长健壮、品质优良、无严重病虫害且类型一致的植株为采种母树。采种用果实必须充分成熟，经晾干后，剔除杂质、破粒、瘪粒和小粒种子，使种子纯度达到95%以上（图1-2）。然后，根据种子大小、饱满程度进行分级。将分级后的种子装到麻袋、布袋或编织袋等透气的袋子中，放到通风、干燥、凉爽的地方存放，定期翻动检查，防止温度过高烧坏种子。

图 1-2 山定子种子

提 示 分级后的种子出苗全且整齐，幼苗生长均匀一致，便于培育管理。

3. 种子的处理

采收后的种子必须经过层积处理打破休眠，才能在播种后发芽。用洁净河沙作为层积材料，河沙用量为种子的 3~5 倍。入冬前，先将贮存的种子倒入盛有清水的水桶内，充分搅拌清洗，除去漂在水面的瘪种子和杂物后，捞出下沉的种子，再倒入装有河沙的容器内，充分混合。河沙的湿度以手攥成团不滴水为限。种子量较少时，可在容器内直接进行层积处理，即在湿沙上覆盖一层厚约 6 厘米的干沙，标明种子名称、数量和层积日期，放于房内或地下室、菜窖内，使温度保持在 0~5℃。种子量大时应进行地下层积，具体方法如图 1-3。

① 选择背风、高燥、排水良好的地方，挖一条深 60~100 厘米的沟，长宽可视种子数量而定。

② 在沟底铺 6~7 厘米厚的湿沙。

③ 沟内隔一定距离竖着插入 1 个草把，以利于通气。

④ 然后将种子与湿沙按 1 : 5 的比例混匀，放入沟内。

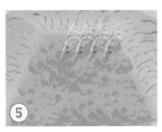

⑤ 上覆 6~7 厘米厚的湿沙。

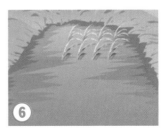

⑥ 其上覆土 30 厘米左右，土高出地面，呈丘状，以利于排水。

图 1-3 种子的地下层积

采用层积处理，应定期检查温度和湿度，注意翻拌种子使上下温度均匀，避免下层种子过早发芽或霉烂。发现有霉烂种子时，应彻底清除。霉烂严重时，必须连沙一起清洗后再层积。如果种皮开裂、种子已萌动，但尚不到播种期，要将层积种子移到低温环境中，延缓其发芽。层积期间，还要注意预防鼠害。

未经层积处理的小粒种子，如山定子和毛山定子，可在播种前进行低温处理。先将种子放入清水中浸泡 1~2 天，捞出置于 5℃ 以下低温环境，或放入温度为 1~5℃ 的冰箱或冷库中，经 15~20 天，移入温度为 25~28℃ 的室内。在地面上铺一层 2~3 厘米厚的湿沙或锯末，上覆一块湿纱布，将种子摊在纱布上，厚度为 3~4 厘米。在种子上面再盖一层纱布，然后撒一层湿锯末保湿。种子露白时即可播种。常用砧木种子层积处理及出苗情况见表 1-2。

表 1-2　常用砧木种子层积处理及出苗情况

砧木种类	层积时间／天	每千克种子粒数（万粒）	每亩用量／千克	每亩成苗数（万株）
山定子	25~30	8~10	0.5~1	2~2.5
新疆野苹果	70	2.5~3	1~1.5	1.2~2.5
沙果	60~80	2.2~2.6	2~2.5	0.8~0.9
西府海棠	40~60	1.5	1.5~2	1.5~2.5

4. 播种

①播种时间。华北地区的适宜播种时期在 3 月中下旬 ~4 月上中旬，东北地区在 4 月下旬 ~5 月上中旬。

②整地播种。可在冬前整理苹果育苗地，选择没种过苹果树或苗的生茬肥地，每亩（1 亩 ≈ 666.7 米²）施有机肥 3500~5000 千克和硝酸磷等复合肥 50~100 千克。深翻土地 30 厘米左右，整成宽 1~1.2 米、长 10 米左右的沿南北方向的畦。播种方法常采用条播，每畦播 4 行，且为宽窄行，宽行距为 40~50 厘米，窄行距为 20~25 厘米，以便于通风、嫁接和管理。播种深度直接影响出苗率，大粒种子可播得深些，小粒种子播得浅些；砂质土播得深些，黏质土播得浅些。对于山定子，应覆土 1~2 厘米；对于西府海棠，应覆土 2~3 厘米。

早春，选择背风向阳地块，灌足底水，整地做畦，准备砧木种子开始播种，具体内容见图 1-4。

5. 播后管理

春季风大，播种后如果温度较低，可在畦面上加盖塑料薄膜或搭建塑料小拱棚，以提高出苗率，出苗后及时除去覆盖物进行炼苗（图 1-5）。当幼苗长出 2~3 片真叶时，按照预定株距进行间苗或移栽（图 1-6）。

选择撒播的方法播种，先松土。

为了防治地下害虫，用沙子拌杀虫剂配制成毒土，撒毒土。

接着撒种肥，每亩撒 10~15 千克。

撒完种肥后拌土。

接着撒播砧木种子，一般播种量为每亩用砧木种子 1~2 千克，种子发芽率低的可适当增加播种量。

播后镇压种子以利于保墒，避免因干旱影响正常出苗。

图 1-4　播种

最后在种子上覆盖 1~2 厘米沙子。

图 1-4　播种（续）

注 意

出苗前畦内不能灌大水，以防土壤板结，可小水勤浇或喷水保湿，以利于出苗。

图 1-5　砧木出苗状态

图 1-6　移栽后的幼苗

　　幼苗生长过程中要勤中耕锄草，松土保湿，做好施肥浇水工作。5~6 月追肥 2~3 次，每亩追施尿素 15 千克，生长后期追施或叶面喷施磷酸二氢钾、草木灰浸出液等，当苗木长到有 18~20 片叶时要摘心，以促进苗木生长旺盛和发育充实，尽早达到适宜嫁接的粗度（地径为 0.8~1 厘米）。同时要做好病虫害防治工作。6 月上旬和 7 月各喷 1 次多菌灵 600 倍液或甲基硫菌灵（甲基托布津）800 倍液加 40% 氧化乐果 1500 倍液，以防治食叶害虫和早期落叶病等。

　　6. 嫁接

　　（1）接穗的采集与贮藏　要按照品种区域化的要求，选择品种纯正、优质丰产、树势强、无病虫害、适宜当地栽培的成年果树作为采集接穗的母树。对选定的母树做好标记和加强肥水管理。夏、秋季嫁接使用的接穗应选取发育充实，芽体饱满的当年生春梢；早春嫁接使用的接穗应选取树冠外围健壮的 1 年生发育枝并剪除上下两端的瘪芽部分，去掉叶片，保留叶柄（图 1-7）。接穗的采集、贮运等可参照果树育苗的一般方法处理。

剪接穗　　去掉叶片

图1-7　采集接穗

（2）嫁接时间和方法　苹果嫁接的乔化砧木可嫁接普通品种，还可嫁接矮化短枝型苹果品种。多在春、夏、秋三季进行。春季砧木发芽前可用前一年贮藏的接穗进行腹接、劈接、切接等枝接；在砧木已经发芽，而贮藏的接穗仍处于休眠状态时可采用带木质部芽接。夏季接穗和砧木都离皮，可采用"T"形芽接，秋季不离皮时，可采用嵌芽接，春季在4月上旬~5月上中旬进行枝接，夏、秋季在6~9月进行芽接。生产中最常用的是"T"形芽接，见图1-8。

一般7月上旬以前的接芽，当年能萌发，如果加强肥水管理，1年可成苗；7月中下旬和8月上旬后的接芽，一般当年不萌发，第2年春季剪砧，秋季成苗。

❶ 选接穗上的饱满芽做接芽，先在芽的上方0.5厘米处横切一刀，深达木质部。

❷ 然后在芽的下方1.0厘米处下刀，由浅入深向上推刀，略倾斜向上推至横切口。

❸ 用手捏住芽的两侧，轻轻一掰，取下一个盾状芽片，注意芽片不带木质部。

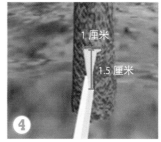

❹ 在苹果砧木苗离地面3~5厘米处，选择光滑无疤部位，用刀切一"T"形切口，即先横切一刀，宽1.0厘米左右；再从横切口中央向下竖切一刀，长1.5厘米左右，深度以切断皮层而不伤木质部为宜。

图1-8　"T"形芽接

 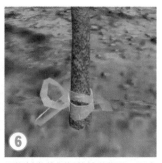

| 用刀尖将砧木上的"T"形切口撬开，将芽片从切口插入，直至芽片的上方对齐砧木横切口。 | 用塑料条将插好的接穗绑紧，要求叶柄、芽眼外露。 |

图 1-8 "T"形芽接（续）

（3）嫁接苗管理　主要包括检查成活情况、补接、解绑、剪砧、除萌、土肥水管理和病虫害防治等工作。

①检查成活情况并补接。芽接后，一般经 10 天左右检查苹果苗木嫁接成活情况。接芽的芽片皮色新鲜、伤口愈合良好，叶柄变黄、一触即落，表明已经接活。若接芽变黑，叶柄干缩不落，表明未接活，应及时补接，或于第 2 年春季补接。嫁接当年入冬前，做好嫁接苗的灌水工作，以利于其正常越冬。

②解绑及剪砧（图 1-9）。

> **注意**
>
> 剪砧不宜过早，以免剪口风干失水或遭受冻害而影响接芽成活；也不要过晚，以免接穗和砧木芽一齐萌发而浪费营养。

在第 2 年春季树液开始流动后至发芽前，解除绑缚塑料条。

图 1-9　解绑及剪砧

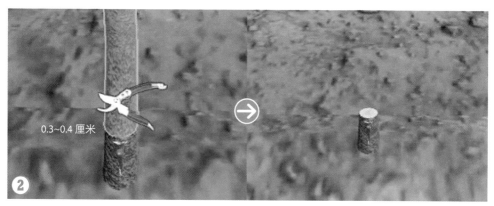

将接芽以上的砧木剪去，即剪砧。剪砧时，修枝剪的刃口应迎向接芽的一面，在芽片上方0.3~0.4厘米处剪下。剪口向接芽背面稍微倾斜，有利于剪口愈合和接芽萌发生长。剪口不可过低，以免伤害接芽。

图1-9 解绑及剪砧（续）

③除萌（图1-10）。剪砧后，砧木基部容易萌发大量萌蘖，必须及时除去。这种萌蘖会多次萌发，应及时除萌，防止其与接芽争夺养分。

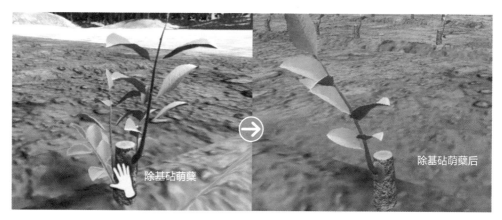

图1-10 除萌

④土肥水管理。为了保证接芽萌发后健壮生长，剪砧后灌水1次，5~6月如果干旱再灌水1次。剪砧后追施尿素1次，每亩10千克，6~7月叶面喷施0.3%尿素2~4次，8月喷施0.3%磷酸二氢钾或10%草木灰浸出液。干旱时应及时灌水，并注意适时松土、除草。

⑤病虫害防治。苹果苗的主要病害有苹果斑点落叶病、苹果褐斑病及苹果白粉病等，可在雨季喷2~3次含多抗霉素成分的杀菌剂进行防治，但忌用三唑酮类药剂，因其有抑制生长作用。夏季虫害主要有蚜虫、潜叶蛾等，蚜虫可用吡虫啉防治，潜叶蛾可用灭幼脲等防治。病害、虫害防治及叶面追肥可同时进行，以减少管理成本。

（二）矮化自根砧嫁接苗的培育

苹果自根繁育主要用于自根矮化砧苗，通常多采用压条、扦插等方法繁殖。

选择地势高燥及土、肥、水条件好的地段建立自根砧母本繁殖圃，整地做畦，按行距为2~2.5米、株距为1~1.5米穴植（3~4株/穴），春秋两季皆可栽植。栽后踏实，整平畦面，浇足水。

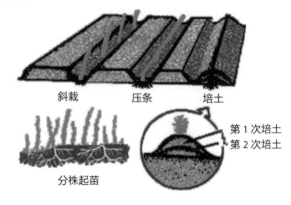

图1-11　水平压条示意图

1. 水平压条

水平压条包括5步：栽植苹果矮化自根砧母株（斜栽）、压条、第1次培土、第2次培土、分株起苗（图1-11），具体内容见图1-12。

① 在春季，按1.5米的行距，挖5厘米深的浅沟，在挖好的浅沟内，按30~50厘米的间距挖20~30厘米深的栽植沟，然后将苹果矮化自根砧苗与沟底呈45度角倾斜栽植。

② 将刚栽植的苹果矮化自根砧母株压入5厘米深的浅沟中，用折叠的V形铁丝固定，对水平压条的苹果矮化自根砧苗覆盖浅土。

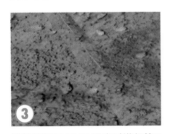

③ 待新梢长至15~20厘米时进行第1次培土，培土厚约10厘米、宽25厘米。

④ 施氮肥，以促进苗木生长。

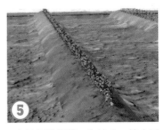

⑤ 1个月后进行第2次培土，培土厚约20厘米、宽40厘米。

图1-12　水平压条

后期再施氮肥和复合肥，促使压条苗开始加长和加粗生长。

到了秋季，压条苗的叶片开始变黄并全部脱落，此时可分株起苗。

在靠近母株基部的地方，应保留 1~2 根枝条，以供第 2 年再次压条时用，起掉其他苗。

以 20 株苗为 1 捆进行捆绑。

图 1-12 水平压条（续）

2. 垂直压条

在春季萌芽前，将矮化砧母株枝条在距地面 15 厘米处截断。当新梢长到 15~20 厘米时，摘除新梢基部的叶片并立即浇水，然后进行第 1 次培土（厚 5 厘米）。1 个月后，当新梢长到 30 厘米时再培土（厚 10~15 厘米）。当苗高 50 厘米时，进行第 3 次培土（厚 25 厘米）。在秋季落叶后，扒开培土土堆，从母株上分段剪下生根的小苗，并在母株上留 2~4 根枝条，待第 2 年繁殖用。为促进生根，要保持土壤湿润。这种方法多用于枝条粗壮直立、硬而较脆的矮化砧，如 M9、M26 等。

3. 扦插

主要采用硬枝扦插，在秋冬两季从矮化砧母本园中采集 1 年生成熟枝条，上端剪平，下端剪成斜面，剪留长度为 15~20 厘米。按 50 或 100 根捆成 1 捆，直立深埋在湿沙或湿锯末中，上部覆沙 5~6 厘米厚。室内温度保持在 4~5℃，以促使插穗基部形成愈伤组织。第 2 年春季扦插前，圃地应施肥、整平，充分灌水。对冬季贮藏期间未生根的插穗，用 40~50 微克/升吲哚乙酸浸泡插穗基部 24 小时，或用 1500 微克/升吲哚丁酸浸蘸插穗基部 10 秒，然后扦插。扦插时，按 50 厘米的行距开沟，依 5~7 厘米的株距将插穗斜放在沟壁后覆土，扦插后保持土壤湿润。矮化砧中，以 MM106 等硬枝扦插生根能力最强。苹果矮化砧及其特性见表 1-3。

表 1-3　苹果矮化砧及其特性

砧木名称	砧木特性
M7	半矮化砧，根系发达，适应性强，抗旱，抗寒，耐瘠薄，用作中间砧时在旱地表现良好
MM106	半矮化砧，根系发达，较耐瘠薄，抗寒，抗苹果绵蚜及病毒病，嫁接树结果早，产量高，适合用作中间砧，在平原地区表现良好
MM111	半矮化砧，根系发达，根蘖少，抗旱，较耐寒，适应性较强，嫁接树结果早，产量高，适合用作中间砧，在平原地区表现良好
M9	矮化砧，根系发达但分布较浅，固地性差，适应性较差，嫁接树结果早，适于在肥水条件好的地区栽植
M26	矮化砧，根系发达，抗寒，抗白粉病，但抗旱性较差，嫁接树结果早，产量高，果实个大，品质优，适于在肥水条件好的地区栽植

　　从苹果矮化砧母本园采集接穗，将矮化砧接穗嫁接在普通的砧木上，即地下部分是普通砧，地上部分是矮化砧，再通过水平压条或垂直压条的方法育成矮化自根砧苗。分株后，将其栽植到嫁接圃内，秋季芽接苹果栽培品种，第2年春季剪砧，即可培育出矮化自根砧苹果苗。栽植密度为：（50~60）厘米 ×（20~30）厘米，每亩出苗量达 4500~6000 株。

（三）矮化中间砧嫁接苗的培育

　　以实生砧作为根砧（基砧），矮化砧作为中间砧，上部嫁接苹果品种，共 3 部分构成矮化中间砧苹果苗（图 1-13）。矮化中间砧苹果苗的培育主要有以下 4 种方法。

1. 单芽嫁接

　　第 1 年春播普通砧木种子，得到实生苗，秋季芽接矮化砧；第 2 年春季剪砧便得到矮化砧苗，夏、秋季嫁接苹果品种芽片；第 3 年春季剪砧，秋后育成矮化中间砧苹果苗。如果采用普通砧快速育苗的方法，在第 2 年夏季接品种芽片，秋后即可得到矮化中间砧成苗，这样育苗周期便由 3 年缩短为 2 年。具体操作细节如下（图 1-14）。

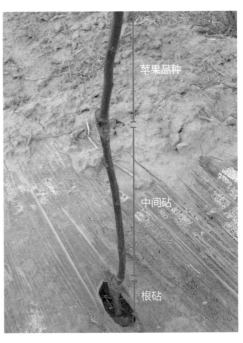

图 1-13　矮化中间砧苹果苗

先进行苹果第 1 次芽接（图 1-8），砧木落叶后于第 2 年早春进行解绑和剪砧（图 1-9）。先将塑料条解绑，然后用修枝剪将解绑的芽接苗进行剪砧，剪枝的刀刃迎向接芽的一面，在接芽上方 0.5~1 厘米处，剪口向芽背面稍微倾斜剪下。随着温度的升高，芽接苗开始萌发，乔化砧木上的萌蘖也在萌发，应抹除砧木上的所有萌蘖（图 1-10）。为了促进苗木生长，每亩施尿素 10~15 千克，施尿素后灌透水。在芽接矮化中间砧苗高度达到 50 厘米以上，矮化砧段 25~30 厘米处直径达到 0.5 厘米以上时进行第 2 次芽接。6 月中下旬芽接栽培品种，采用"T"形芽接。

用塑料条将插好的接穗绑紧，要求叶柄、芽眼外露。在第 2 次芽接栽培品种的芽接口上端留 2~3 厘米后剪去生长点，去掉芽接口上端的所有叶片。

在第 2 次芽接栽培品种后 10~15 天，芽接的栽培品种萌发，同时矮化中间砧的萌蘖也萌发，应及时抹除矮化中间砧上萌发的萌蘖。

图 1-14 普通砧快速育苗法

二次芽
接苗

落叶后的芽接苗

④

每亩施水溶性复合肥 10~15 千克，施肥后灌透水，促进苗木生长，秋后苗木完全木质化，落叶后即可出圃。

图 1-14　普通砧快速育苗法（续）

2. 双芽靠接

第 1 年秋季，在普通砧木实生苗近地面处相对的两侧分别接矮化砧和品种芽各 1 个；第 2 年春季剪砧，2 个芽都能萌发，夏季将 2 个新梢靠接，秋季剪去矮化砧新梢上段和品种芽新梢下段，2 年即可育出矮化的中间砧苹果苗。但此法在生产上很少应用。

3. 分段芽接（枝、芽结合接法）

第 1 年春播普通砧木种子，培育成一定大小的实生苗后，于秋季芽接矮化砧进行培育。第 2 年秋季，在矮化砧苗上每隔每 20~30 厘米的枝段芽接苹果优良品种芽片，第 3 年春季留最下部 1 个品种芽剪砧，剪下的枝条从每个品种芽上端分段剪开，然后再将品种芽段枝接在预备好的普通砧木上，这样育成的成苗 2 年即可出圃。

4. 春季二重枝接

早春将苹果品种接穗枝接在矮化中间砧茎段上，然后将这一茎段枝接在普通砧木上，此法称为二重枝接。在较好的肥水条件下，采用这种方法当年便可获得质量较好的矮化中间砧苹果苗。可把带有苹果品种接穗的中间砧茎段在 90℃热石蜡液中浸蘸一下再接，并用塑料条包严，基部培土少许；也可以将带有苹果品种接穗的中间砧茎段事先用塑料条缠严，再嫁接到普通砧木上，在品种芽萌发后要逐渐去除包扎的塑料条，到新梢长 5~10 厘米时全部除去。

三、苗木出圃

到了秋季，在培育的苹果苗木落叶后，即可进行苗木出圃。不同类型的苹果苗木分级标准不同，具体分级标准见表 1-4~ 表 1-6。

表 1-4　乔化砧苹果苗分级标准

项目		等级		
		一级	二级	三级
基本要求		品种和砧木类型纯正，无检疫对象和严重病虫害，无冻害和明显的机械损伤，侧根分布均匀舒展、须根多，接合部和砧桩剪口愈合良好，根和茎无干缩皱皮		
根	侧根数量（条）	≥ 5	≥ 4	≥ 3
	侧根基部粗度 / 厘米	≥ 0.3		
	侧根长度 / 厘米	≥ 20		
	侧根分布	均匀、舒展而不卷曲		
茎	根砧长度 / 厘米	≤ 5		
	苗木高度 / 厘米	>120	100~120	80~100
	苗木粗度 / 厘米	≥ 1.2	≥ 1.0	≥ 0.8
倾斜度（度）		≤ 15		
整形带内饱满芽数（个）		≥ 10	≥ 8	≥ 6

注：表 1-4~ 表 1-6 内容引自 GB 9847—2003《苹果苗木》。

表 1-5　矮化中间砧苹果苗分级标准

项目		等级		
		一级	二级	三级
基本要求		品种和砧木类型纯正，无检疫对象和严重病虫害，无冻害和明显的机械损伤，侧根分布均匀舒展、须根多，接合部和砧桩剪口愈合良好，根和茎无干缩皱皮		
根	侧根数量（条）	≥ 5	≥ 4	≥ 3
	侧根基部粗度 / 厘米	≥ 0.3		
	侧根长度 / 厘米	≥ 20		
茎	根砧长度 / 厘米	≤ 5		
	中间砧长度 / 厘米	20~30，但同一批苹果苗木变幅不得超过 5		
	苗木高度 / 厘米	>120	100~120	80~100
	苗木粗度 / 厘米	≥ 1.2	≥ 1.0	≥ 0.8
倾斜度（度）		≤ 15		
整形带内饱满芽数（个）		≥ 10	≥ 8	≥ 6

表 1-6　矮化自根砧苹果苗分级标准

项目		等级		
		一级	二级	三级
基本要求		品种和砧木类型纯正，无检疫对象和严重病虫害，无冻害和明显的机械损伤，侧根分布均匀舒展、须根多，接合部和砧桩剪口愈合良好，根和茎无干缩皱皮		
根	侧根数量（条）	≥ 10		
	侧根基部粗度 / 厘米	≥ 0.2		
	侧根长度 / 厘米	≥ 20		
茎	根砧长度 / 厘米	15~20，但同一批苹果苗木变幅不得超过 5		
	苗木高度 / 厘米	>120	100~120	80~100
	苗木粗度 / 厘米	≥ 1.0	≥ 0.8	≥ 0.6
倾斜度（度）		≤ 15		
整形带内饱满芽数（个）		≥ 10	≥ 8	≥ 6

第二章 梨苗木生产技术

梨的主要育苗方法是嫁接育苗，主要育苗类型见图 2-1。

实生砧梨苗培育 —— 乔化砧木 + 优良品种

梨苗培育 —— 嫁接育苗（常用）

矮化中间砧梨苗培育 —— 乔化砧木 + 矮化中间砧 + 优良品种

图 2-1 梨苗培育类型

一、苗圃地的选择

选择地势平坦、背风向阳、土质疏松、肥沃的中壤土或砂壤土地块，无危险性病虫害（立枯病、根腐病、根癌病、根绵蚜等）的地块作为育苗地。注意育苗地不能连作。苗圃应有灌溉条件、排水方便。大型苗圃应包含采穗圃和育苗圃两大部分。育苗圃可分为实生苗圃、营养系苗圃和嫁接圃，也可分为普通育苗圃和无病毒育苗圃。道路宽窄、房舍数量等可根据规模和经济条件而定。

图 2-2 秋子梨果实

二、梨嫁接苗的培育

（一）砧木的培育

1. 常用的砧木种类

梨树常用的砧木种类及特性见表 2-1。

表 2-1　梨树常用的砧木种类及特性

砧木种类	特性
杜梨	嫁接树生长健壮，结果早，丰产，寿命长。其根系深而发达，须根多，适应性强。耐旱又耐涝，对碱性土的适应性与与中国梨、西洋梨的亲和力均强
褐梨	又名棠杜梨，根系强大，嫁接后树势强，产量高，但结果晚，华北、东北山区应用较多
秋子梨（图 2-2）	又名山梨，最抗寒，野生种能耐 -52℃低温，抗腐烂病能力强，嫁接植株高大丰产，寿命长。与西洋梨亲和力较弱，与某些西洋梨品种嫁接后，易患果实铁头病
豆梨	适应性强，抗旱耐涝，抗腐烂病能力强，抗寒力差。与砂梨、西洋梨亲和力强，嫁接西洋梨后可避免果实铁头病
砂梨	对水分的要求高，抗热、抗旱，但抗寒力差，抗腐烂病力中等，是我国南方栽培梨的主要砧木，也可用作西洋梨的砧木
中矮 1 号	中国农业科学院果树研究所选育的梨矮化砧木，主要用作梨矮化中间砧木，与基砧、品种亲和性好，树体光滑，接口上下干粗无差异，没有"大小脚"现象。促进嫁接树矮化，矮化程度为 70% 左右。促进嫁接树早结果、早丰产、果实品质优
中矮 2 号	中国农业科学院果树研究所选育的梨矮化砧木，从巴梨与香水梨杂交后代中选出，主要用作梨矮化中间砧木，与基砧、品种亲和性好，树体光滑，接口上下干粗无差异，没有"大小脚"现象。促进嫁接树矮化，矮化程度为 50% 左右。促进嫁接树早结果、早丰产、果实品质优。抗寒性强，高抗腐烂病和轮纹病

2. 砧木种子的采集与处理

（1）种子的采集与贮藏　根据当地野生梨树的种类和适应性来选择砧木树种。砧木种子必须充分成熟，一般当种皮呈褐色时即可采收，采集时间为 9 月下旬 ~10 月上旬，种子采集过早会造成发芽率低。采集后要及时除去杂物，堆积翻倒，在果肉变软后用清水漂洗，淘出种子，晾干簸净，收藏待用。在贮藏中影响种子生理活性的主要条件是种子的含水量，以及贮藏中温度、湿度和通气状况。实践证明，多数种子贮藏的安全含水量和它充分风干的含水量大致相等，秋子梨种子含水量在 13%~16%。贮藏时空气相对湿度保持在 50%~80%，温度保持在 0~8℃为宜，还要注意通气，也要注意防虫、防鼠。贮藏时将种子按种类、品种分别装入布袋，系好标签，防止混杂。

（2）种子层积处理（图 2-3）　梨树砧木种子必须通过 5℃左右的低温处理，第 2 年春才容易发芽。生产上多用露地沟藏层积法，杜梨需 35~54 天，秋子梨需 40~55 天，褐梨需 38~55 天，豆梨需 35~45 天，砂梨需 45~55 天。沙藏处理的种子如果发芽过早，又没有及时播种，可把盛种子的容器放在冷凉地方，使其延迟发芽；种子发芽过晚，赶不上播种时，则应提前进行催芽处理。

图 2-3　层积处理杜梨种子

3. 播种与砧木苗的管理

（1）整地　苗圃地要注意轮作，一般 3 年内不能重茬，否则苗木生长发育不良，嫁接后成活率低。苗圃最好进行秋翻，深度为 20~30 厘米，结合耕翻施入基肥，春季解冻以后做畦播种。

（2）播种　播种时间一般为 3 月下旬 ~4 月上旬，一般除采用条播法（具体做法见图 2-4）外，还可采用"封土埝播种法"。这种方法简便易行，能抗旱保墒，防止降雨造成土壤板结，减轻播种期的自然灾害。

❶ 条播开沟

春季灌足底水，整地做畦，然后用耧或开沟器开沟，宽窄行播种，宽行为 60~70 厘米，窄行为 30~40 厘米，每畦 2~4 行，沟深 4~5 厘米。开沟后，用粗木棍将沟底弄平，并把沟内翻出的土块敲碎。

❷ 播种

如果土壤墒情不好，可提壶浇水后再播。播种时种子可分 2 次播入，使种子均匀分布于沟内，一般播种量为每亩 1~2 千克，种子发芽率低的可适当增加播种量，播后用平耙封沟，覆土 2 厘米左右，将多余的土块、杂物耧出畦外，覆土后在播种沟上撒少量的麦秸、干草作为标记。将畦内松散的土壤刮成高 10~15 厘米的土埝于播种沟内，播种后 7 天左右扒平土埝，以露出地面标记为度。

图 2-4　条播法（杜梨）

（3）苗期管理　在春季温度增高的情况下，播后要及时检查，发现个别种子已出芽接近地面时，要迅速撤除土埝，一般扒开土埝 2~3 天后即可出苗。出苗后，进行间苗或补缺，并注意病虫害防治、施肥、灌水、除草等田间管理工作，促使苗健壮生长，供当年秋季嫁接用。

梨树砧木实生苗主根发达，侧根少且弱，直根性很强，俗称"胡萝卜根"。生产中，当小苗长到 2 片真叶时切断主根，即断根。具体操作方法是用锹在行间距离苗木基部 15 厘米左右处与地面成 45 度角下锹，将主根切断。断根后要及时灌水（图 2-5），中耕除草。经过一段时间的生长，达到梨品种嫁接的粗度要求（图 2-6）。

图 2-5　栽后灌水（杜梨）

图 2-6　梨砧木苗

（二）嫁接

1. 常用的嫁接方法

（1）芽接法　常用的方法有以下几种。

①"T"形芽接。这是在梨树育苗中应用最广的一种嫁接方法，因其削取的芽片呈盾形，也叫盾状芽接。

②嵌芽接。在接穗和砧木不易离皮时，可采用嵌芽接法。

（2）枝接法　枝接是用果树枝条的一段作为接穗而进行的嫁接，主要在果树休眠期进行。以砧木树液已开始活动，接穗尚未萌动时最好。枝接的优点是成活率高，接苗生长快，但枝接不如芽接的方法简单，工作效率也不如芽接高，同时要求有较粗的砧木。此法一般多用于苗圃春季的补接、高接换种或伤疤桥接等。常用方法有以下几种。

①切接。切接是最常用的枝接法。

②劈接。劈接是生产上应用较多的一种枝接方法，具体操作方法见图 2-7。

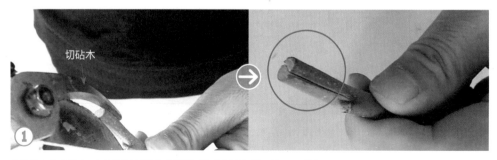

先将砧木上部截去，再用劈接刀从砧木横断面中心垂直下切，深 3~4 厘米。

图 2-7　劈接

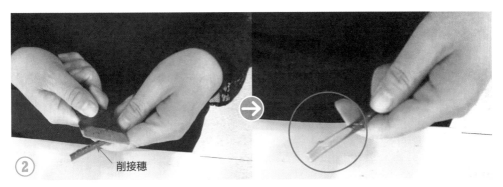

接穗基部两侧都削成 3~4 厘米长的楔形。

用刀撬开砧木后插入接穗。   使砧穗的一侧形成层对齐，最后绑缚。

图 2-7　劈接（续）

③插皮接（皮下接）。这是枝接中较易掌握、方法简便、效率又高的一种方法，一般在砧木树液已活动，易于剥皮而接穗尚未萌芽时进行。接穗如能低温贮藏，嫁接时期可延长至 5~6 月，高接时可在 6 月下旬 ~7 月上旬进行，在雨季来临时解除绑缚物。操作要点见图 2-8。

第 1 步削接穗：在接穗下端斜着削出 1 个长 2~3 厘米的长削面，再在这个长削面背后尖端削出 1 个长 1 厘米的短削面，并削去少量长削面背后两侧的皮层，但不伤木质部，接穗剪留 2~4 个芽。

图 2-8　插皮接

 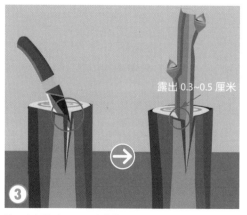 

第2步切砧木：先将高接砧木截面削平，然后在砧木皮层光滑的一侧纵切1刀，长度约为2厘米，不伤木质部。

第3步插接穗：用刀尖将砧木纵切口皮层向两边拨开，将接穗长削面向内，紧贴木质部插入，长削面上端应在砧木平断面之上外露0.3~0.5厘米，使接穗保持垂直，接触紧密。

第4步绑缚：用塑料条绑紧包严。

图2-8　插皮接（续）

④皮下腹接。皮下腹接常用于大树的高接换种和光秃带的插木生枝。这是一种操作简便、效果较好的嫁接方法。

2. 嫁接苗的培育

（1）实生砧梨苗的培育　8月中旬~9月上旬，选粗度在0.5米以上的乔化砧木苗进行嫁接。接穗应从健壮、无检疫病虫害、丰产且优质的新品种母株上选取。选树冠中部和外围、生长正常、芽体饱满的新梢作为接穗，剪取后立即剪除其叶片，留0.3~0.4厘米长的叶柄，贮藏时注意保湿（图2-9）。

图2-9　梨接穗的制作

外运接穗时，可用塑料薄膜包裹，防止失水。运到目的地后，立即开包浸水，将接穗放在阴冷处，培以湿沙，备用。在嫁接方法上，一般秋季采用芽接法（图2-10），如"T"形芽接、嵌芽接、芽片贴接；春季用硬枝接法，如切接、皮下枝接等。

图2-10　梨的芽接

秋季的芽接苗，接后 7~10 天应检查成活情况。凡芽片新鲜、叶柄一触即落者为成活，反之为未成活。对未成活的要及时补接。在第 2 年春季萌芽前，先解除绑缚的塑料条（图2-11）。

图2-11　梨芽接解绑

再在接芽上方0.5厘米处剪砧（图2-12）；在多风地区，可留10厘米左右活桩，以绑缚新梢，防止风劈，当新梢基部半木质化后，再剪除多留的部分。剪口斜向芽对面并涂上伤口保护剂，以利于愈合。

芽接、枝接剪砧后，要及时除萌；接芽（图2-13）、接枝抽梢后，注意松土、除草、追肥、灌水和防治病虫害。

（2）矮化中间砧梨苗的培育　矮化中间砧接穗应从健壮、无病毒的母本园上选取，嫁接方法一般秋季采用芽接法，如"T"形芽接、嵌芽接、芽片贴接等，春季用硬枝接法，如切接、皮下枝接等。

矮化中间砧梨苗可分为 3 年出圃苗和 2 年出圃苗。3 年出圃苗的制作：第 1 年春季播种培育基砧，秋季在砧苗上嫁接矮化中间砧接芽；第 2 年春季剪砧，当矮化中间砧芽抽梢 30 厘米以上时，于其上方 20~25 厘米处芽接梨良种接芽；第 3 年春季剪砧，秋季成苗。

2 年出圃苗有 3 种制作方法。

剪砧前

剪砧后

芽接苗剪砧后状态

图 2-12　梨芽接剪砧

芽接苗剪砧萌发状态

芽接苗剪砧萌发

芽接苗生长状态

图 2-13　梨芽接苗萌发生长

　　1）小拱棚法。第 1 年培育基砧苗并在秋季嫁接矮化中间砧芽；第 2 年春季剪砧，6~7 月在矮化中间砧上方 20~25 厘米处接梨品种芽，接后对矮化中间砧摘心，以利于接芽成活，待接芽成活 7~8 天后剪砧，以促进接芽抽梢，秋季成苗。

　　2）分段嫁接法。第 1 年操作同小拱棚法；第 2 年秋季在矮化中间砧段上每隔 20~25 厘米接 1 个梨品种芽；到第 3 年春季，保留基部 1 段带接芽的中间砧，其余分段剪下（每段中间砧顶部带 1 个梨接芽），再分别嫁接到其他基砧上，秋季成苗。

3）室内快繁法。早春时，在室内利用劈接法将带有 2~3 个芽的矮化砧枝段接到杜梨根或其他砧木根苗上；6 月上旬，再在矮化砧新梢上方 20~25 厘米处，接上梨品种芽，成活后剪砧，秋季可出圃。接后管理同小拱棚法。

3. 嫁接苗的管理

1）芽接后 2~3 周，应及时松绑或解除绑缚物，以免影响嫁接苗加粗生长或因绑缚物陷入皮层而折断。尤其对早期嫁接的更应注意，但不宜过早解绑。枝接苗应在接穗发枝进入旺长期之后解除绑缚物。高接换种的树，最好在旺长期松绑，到第 2 年解除绑缚物。这样既可以避免妨碍嫁接苗生长又有利于伤口愈合。

2）对芽接苗，要在解绑时及时检查是否成活，以便补接。接芽及芽片呈新鲜状态，有光泽，叶柄一触即落是成活的标志；反之，则表示未成活。对未成活的苗木应及时进行补接，以提高出苗率。

3）在寒冷地区，应在土壤结冻前给接芽培土并灌封冻水。第 2 年春季解冻后及时去掉培土。

4）对芽接苗，要在春季接芽萌发前，将接芽以上的砧干剪除，称为剪砧。一般在树液流动前，在接芽片横刀口上方 0.5 厘米处一次剪除，不留活桩，以利于接口愈合。

剪砧或枝接后，砧干会出现萌蘖，生长强旺，应及时抹除，以减少营养消耗，促进接穗生长。一般应连续进行 2~3 次。

5）枝接苗（尤其是高接苗）新梢生长旺盛，风大地区应立支柱，固定枝梢以防止劈折。

6）在生长前期应注意肥水管理和中耕除草；后期应注意控制肥水，防止旺长；同时，应注意防治苗期病虫害。

4. 梨育苗注意事项

1）梨树的实生苗，特别是杜梨的实生苗，直根发达，侧根少而弱。出圃苗木根系不发达，往往造成成活率低，缓苗慢，树势衰弱。目前常采用夏末芽接成活后断根的方法来控制主根伸长，以促进侧根生长。注意断根后应及时浇水，中耕。

2）梨树的芽和叶片都大，芽接时要求砧木较粗，一般粗度在 0.6 厘米以上。因此，在苗高 33 厘米左右时，应留 7~8 片大叶片，进行摘心，使其增粗。

3）在风沙较多、气候干旱、土质较差、盐碱较重的地区，常用坐地苗。一般是将梨的根蘖掘出后，按照一定的株距和行距定植于园地内，2~3 年后用作砧木就地嫁接，就地成苗，不再移栽。

4）梨的顶端优势强，如果按照一般副梢整形的方法，在整形带以上 10 厘米处摘心，只能在顶端抽生 1~2 个副梢，不能达到整形的目的。应在苗高达到整形高度尚有 10 厘米时摘心，这样可抽生出 4~5 个良好的副梢，而主梢凭借各个节间的伸长也可达到整形高度。在圃内整形时，应加强梨苗管理，使其尽早达到摘心高度，摘心越早，发出的副梢越多，当年生长情况越好（图2-14）。

图2-14　梨芽接苗

三、苗木出圃

1. 起苗

根据苗木等级、数量、购苗合同和品种等情况，制订出圃计划。一般在11月中旬~第2年春季萌芽前起苗，起苗前几天，在圃地土壤干旱、坚硬时，要灌水湿润土壤。起苗时，要求尽量少伤根；根特别粗大的，根长度至少保留在20厘米以上。利用起苗机起苗可以满足上述要求。

2. 苗木出圃规格

（1）根系　主根、侧根完整，具有3条以上分布均匀、舒展、不卷曲的侧根。侧根长度在20厘米以上，须根多。

（2）茎干　高度在0.8米以上，嫁接口以上10厘米处的粗度不小于0.8厘米。

（3）芽体　嫁接口以上45~90厘米的茎干段，即整形枝段内有邻接而健壮、饱满的芽6个以上，如整形带内发生副梢，其副梢上要有健壮的芽。

（4）嫁接口　完全愈合，接口光滑。

3. 苗木分级标准（表 2-2）

表 2-2 实生砧梨苗分级标准

项目		等级		
		一级	二级	三级
品种与砧木		纯度 ≥ 95%		
根	主根长度 / 厘米	≥ 25.0		
	主根粗度 / 厘米	≥ 1.2	1.0~1.2	0.8~1.0
	侧根长度 / 厘米	≥ 15.0		
	侧根粗度 / 厘米	≥ 0.4	0.3~0.4	0.2~0.3
	侧根数量（条）	≥ 5	4~5	3~4
	侧根分布	均匀、舒展而不卷曲		
基砧段长度 / 厘米		≤ 8.0		
苗木高度 / 厘米		≥ 120	100~120	80~100
苗木粗度 / 厘米		≥ 1.2	1.0~1.2	0.8~1.0
倾斜度（度）		≤ 15		
树皮与茎皮		无干缩皱皮；无新损伤处；旧损伤处总面积 ≤ 1.0 厘米^2		
饱满芽数（个）		≥ 8	6~8	
接口愈合程度		愈合良好		
砧桩处理与愈合程度		砧桩剪除，剪口环状愈合或完全愈合		

第三章　山楂苗木生产技术

按照培育方式的不同，山楂苗培育可以分为图 3-1 所示几种类型。

图 3-1　山楂苗培育类型

山楂也叫红果、山里红，为我国特产，其果实、根和叶皆可入药，具有栽培简便、结果早、寿命长、耐储存、耐寒、少病等特点。山楂果实营养丰富、用途广，是发展山区果树生产的优良树种。

一、苗圃地的选择

山楂性喜温暖，但也耐寒，抗风能力强；对环境要求不严，山坡、岗地都可栽种，但适宜栽种在中性和微酸性的含腐殖质多而质地疏松的砂质壤土之中，忌低洼、盐碱和积水。苗圃地应选土层深厚肥沃的平地、丘陵和山地缓坡地段，以东南坡向最为适宜，其次为北坡、东北坡。

二、山楂苗的培育

山楂多采用嫁接法繁殖，普通芽接和枝接均可。山楂砧木以实生繁殖为主，优点是适宜大量繁殖，根系发达，生命力强，嫁接苗质量好，栽后成活率高。山楂易发生根蘖，可将根蘖刨起，归圃育苗；也可用山楂根进行根插育苗。

（一）嫁接苗的培育

1. 砧木种类及特性

（1）选择山楂砧木 选择山楂砧木需要从以下4个方面考虑。

1）与栽培品种接穗有良好的嫁接亲和力，接口愈合牢固，苗木成活率高。

2）对栽培地区的环境条件适应性强，苗木根系发达，树体生长健壮，能提早结果，稳产。

3）具有较强的抗逆性、抗病虫性或具有某种特性如矮化特性。

4）砧木材料来源丰富并易于大量繁殖。北方山楂产区一般选择山楂属的辽宁山楂（图3-2）、甘肃山楂、阿尔泰山楂作为砧木。另外，也有选择栽培品种如软核山楂、伊朱红作为砧木的。

（2）砧木种类 山楂砧木种类及特性见表3-1。

图3-2 辽宁山楂果实

表3-1 山楂砧木种类及特性

砧木种类	生长结果习性	特性
辽宁山楂	又名红果山楂。分布于黑龙江、吉林、辽宁、河北、内蒙古、山西、河南、贵州、四川、新疆等地。灌木或小乔木，树高2~4米。1年生枝呈紫红色或紫褐色。叶片呈卵形或菱状卵形，边缘通常有3~5对裂片。花呈白色。果实近球形，直径约为1厘米，呈血红色。果核3粒，罕有4~5粒，内面两侧有凹痕。花期为5月，果期为7~8月	抗寒力极强，嫁接苗木长势强，抗白粉病，种仁率高，层积一冬即可出苗
甘肃山楂	分布于河北、北京、山西、河南、陕西、四川、甘肃、青海、宁夏等地。灌木或小乔木，树高2~5米。2年生枝呈亮紫色。叶片呈宽卵形，边缘有5~7对不规则羽状浅裂片，花呈白色。果实近球形，直径为0.8~1厘米，呈橘红或橘黄色，果核2或3粒，内面两侧有凹痕。花期为5月，果期为7~9月	抗寒，耐盐碱，种仁率高，层积一冬即可出苗，出苗率高。嫁接苗有半矮化效应，抗白粉病
阿尔泰山楂	小乔木，树高3~6米，小枝粗壮，呈紫褐色或红褐色。叶片呈宽卵形或三角卵形，边缘常有2~4对裂片，基部1对分裂较深。果核4或5粒，内面两侧有凹痕。花期为5~6月，果期为8~9月。多花常聚集，花呈白色。果实呈球形，直径为0.8~1厘米，金黄色	适应性强，能抗-40℃以下低温，耐旱，耐盐碱，抗白粉病。种仁率高，种子层积一冬即可出苗，是北方山楂产区优良砧木
软核山楂	又名软籽山里红。分布于辽宁省西丰、开原、新宾、鞍山、辽阳等地。1年生枝呈红褐色，叶片边缘有7~11对羽状深裂片。花呈白色，雄蕊19~24枚，花柱3~5枚，花药呈乳白色，果实扁圆形，果皮呈鲜红色，果点明显，有蜡质光泽。果肉呈粉白或浅粉红色，平均单果重1.5克。果核皮质软可食，果核小，百核重9.1克，种仁率高，可达75.5%，花期为5月，果期为9月	适应性强，抗寒。种仁率高，果核皮半木栓化，种子层积一冬即可出苗，播种后出苗率高。可作为矮化砧木应用

砧木种类	生长结果习性	特性
伊朱红	分布于河北易县，当地称其为易州红单。扦插繁殖的2年生树平均株高2米，冠径为0.7米。2年生枝呈灰白色，叶片羽状深裂。果实较小，近圆形，平均单果重6.5克，果皮呈鲜红色。果核4~6粒，种仁率可达40%。河北林学院研究证明伊朱红是优良的营养系砧木品种。该品种的木质化新梢或嫩枝，在激素处理下扦插，生根率可达95%，1年生苗木高度一般为1.3米	抗旱，抗圆斑根腐病，不生根蘖。嫁接亲和力良好，嫁接品种易早期丰产

（3）砧木繁殖方法

1）实生砧木育苗法。

①砧木种子的采集。10月从生长健壮的野生山楂树上采集成熟的果实，压碎果肉（不能伤着种子），堆积在阴凉处约厚50厘米，每天翻动1次，在大部分果肉腐烂后搓取种子，用清水冲洗，去掉果肉及杂质，晒干（图3-3）。

②砧木种子处理。山楂种皮厚而坚硬，缝合线紧密，水分和空气不易进入，发芽困难，播种前必须进行种子处理。

图3-3　山楂种子

> **提示**　山楂果实压碎后也可以不用堆积腐烂法，直接放在缸内浸泡。待果肉变软后漂洗、去杂、取种、晾晒。

a. 沙藏法。即两冬一夏沙藏法。前期和普通挖沟层积处理相同，但层积时间要延长至一夏一冬。因此，第2年6~7月要去掉覆土，上下翻动种子，并检查温度。水分过少时要喷水，水分过多时要通风。然后继续沙藏，到秋季或第3年的春季才能播种。此法需要时间较长，但简便易行，比较可靠，生产上仍普遍采用。

b. 干湿处理沙藏法。先将种子用冷水浸泡7天，然后放在"两开一凉"的温水中，不断搅拌，水温降到20℃时停止搅拌，浸泡一昼夜，也可以先用"两开一凉"的温水浸种，再浸泡3~5天。然后捞出种子，放在阳光下暴晒，晚上放入水中浸泡，白天再晒。这样反复泡晒5~6次，部分种壳开裂后即可进行沙藏，第2年春季种子露白时播种。

c. 湿种沙藏法。对采集的果实，先沤烂果肉，而后淘洗种子，趁湿将种子用"两开一凉"的温水浸种，水温降到20℃以下时浸泡一昼夜，然后进行沙藏。第2年春季播种前20天，将混有湿沙的种子堆在温暖的地方，保温保湿催芽。每天翻动1次，种壳裂开即可播种。

d. 提前采种沙藏法。8~9月，山楂果实开始着色，种胚已经形成，但种壳尚不坚硬（未完全木质化），此时采种，而后趁湿时进行沙藏，第 2 年春季播种，多数种子能萌发成苗。

③整地播种。播种围地应选择背风向阳、土质疏松、灌水方便的地块。沙藏的种子春秋两季都能播种。秋播宜在 10 月中下旬 ~11 月上旬土壤结冻前进行；春播一般在 2~4 月土壤解冻以后开始。

播种围每亩施基肥 5000~10000 千克，深翻 20~30 厘米，整地做畦。畦宽 1~1.2 米，长 10 米，南北走向。播种前灌足底水，用耙子耙细畦面，开沟播种，沟深 3~4 厘米，行距为 30~40 厘米，每畦播 3~4 行或按 50 厘米和 30 厘米的宽窄行播种，每亩播种用量为大粒籽 25~35 千克，小粒籽 15~20 千克。此外也可采用垄播法，大垄宽为 50~60 厘米，小垄宽为 30~40 厘米。

> **提　示**　山楂育苗一般采用条播法，在种子量少时也可点播。可以将沙藏好的种子连同湿沙均匀地播于沟底，用潮湿的细土盖平。秋播后，可培起 10 厘米高的土垄，类似梨树封土埝播种法，以利于保墒。春播时可在畦面上覆盖湿沙（厚 1 厘米）或地膜，以利于出苗。

④苗期管理。秋播培土垄的，要在第 2 年春季种子发芽时扒开；春播覆盖地膜的，出苗后要及时撕膜或撤膜，以防幼苗徒长。株距以 10 厘米左右为宜，间定苗要结合中耕除草，补苗则应结合浇水，使土壤沉实与根系密接，以利于生长。

山楂苗期要求土松草净，浇水及时。于 5 月下旬 ~6 月上旬和 6 月下旬 ~7 月上旬，结合浇水每次每亩追施尿素 5~10 千克。苗高 30 厘米时应摘心，促使主茎加粗生长，以便提高当年嫁接率（图 3-4）。

图 3-4　山楂砧木苗

2）砧木归圃育苗法。归圃育苗就是利用山楂的根系易发生不定根和不定芽而形成根蘖苗的特点，于每年春季在有野生山楂大量生长的地方选择生长健壮、干径为 0.3~2 厘米的野生山楂根蘖苗作为砧木苗，移栽到苗圃内集中管理培育。栽植前按根蘖大小、优劣分级后分别栽植，便于苗期管理和嫁接。每亩栽苗量为 8000~10000 株。栽苗时先开沟施肥，沟深应略深于根蘖苗原深度，然后覆土踩实，及时灌水。砧木苗发出新梢后，从基部选留 1 个生长方向适宜而健壮的供嫁接用，其余的全部抹去。这种方法培育的砧木可于当年 8 月嫁接，第 2 年秋季出圃。

3）根插育苗法。根插育苗也称埋根育苗，是在秋季落叶后或春季萌芽前，挖取山楂根系的 1~2 年生幼根，将根段每 50 或 100 根捆成 1 捆，蘸上泥浆贮藏于窖内或埋于地下。最好在春季进行扦插，插前整好圃地。根插时选直径为 0.3~1.0 厘米的幼根剪成长 10~15 厘米的根段，斜插于土中，行距为 30 厘米，株距为 10 厘米，灌透水。使根的上端与地面平，然后覆土踩实起垄。根插成活后，选留1个生长方向适宜的新梢，其余的剪除。加强肥水管理，当新梢长到30厘米高时摘心，以促进其加粗生长。8月嫁接，第2年秋季成活出圃。

4）就地育苗法。在山楂生产园中，树体周围有较多的根蘖，可就地按一定距离选留生长健壮的进行嫁接，使其就地成苗，然后起苗栽植。这种方法成活率高，简单易行，苗木生长健壮。但由于受根蘖数量和分布的限制，育苗量不多，且苗木不便管理。

2.嫁接方法

生产上山楂一般多采用芽接法、枝接法和根接法。

（1）芽接 多采用"T"形芽接法。如果砧木或接穗不离皮，可以带木质部芽接，一般用嵌芽接。"T"形芽接选择生长季枝皮分离且无病虫害的山楂枝条，采集后去掉叶片，保留叶柄，放于水中浸泡，准备嫁接（图3-5），具体嫁接过程及操作细节见图3-6。嵌芽接接芽与砧木的接触面积要大，削面长度一般为2.5~3厘米，砧木削面长度与芽片相当或略大于芽片，削面要平滑，不留毛茬。将芽片嵌于砧木上，其下端切口，两边或一边的形成层要对齐。绑扎时，要严、紧、密，接芽处只缠一层膜，且用力一拉就破，使接芽成活后能自行破膜生长。

图3-5 山楂生长季接穗

削芽片　切砧木

插接穗

绑缚

图3-6 山楂"T"形芽接

（2）枝接 春季解冻后，砧木开始活动，此时接穗仍处于休眠状态，是枝接的最好季节。山楂枝接可采用切接、腹接、劈接、皮下接和搭接等方法。

（3）根接 山楂根接与枝接的方法相同，只是用根段作为砧木进行嫁接。可将秋季深翻刨出来的直径在0.5厘米以上的断根剪成10厘米长的根段，在室内嫁接，然后用沙分层埋藏。第2年春季将接好的根段栽植到圃内，培育成苗。

3. 嫁接苗管理

嫁接以后要禁止人畜进入圃地，以免损伤苗木。

（1）解除绑缚物 芽接苗（图3-7）接后15天左右检查成活情况，未接活的要及时补接，可于第2年春季萌发前解除绑缚物。对于枝接苗，一般以在新梢长20~30厘米时解除绑缚为宜。

（2）剪砧 春、夏季嫁接并剪砧的，当年接芽可萌发；秋季芽接一般当年不萌发，在第2年春季发芽前剪砧。剪口在接芽上方0.5厘米处，截面要平滑，以利于伤口愈合。剪砧可以促进苗木萌发（图3-8）。

图3-7 山楂芽接苗   图3-8 山楂芽接剪砧萌发

（3）抹芽 剪砧后砧木上的幼芽会大量萌发，与接芽争夺营养，为使接芽萌发出健壮的新梢，必须及时抹芽，做到随萌发随抹除。

（4）土壤管理 嫁接苗越冬前要浇1次萌动水。5~6月天气干旱，需水量较大，应注意及时灌水（图3-9）。7~8月如果雨水不足，可再浇2~3次水。结合浇水，分别在春季和夏季进行追肥。每次每亩施尿素10~15千克或碳酸氢铵20~25千克。可叶面喷施300倍液的尿素或磷酸二氢钾。此外，在浇水和下雨后要及时中耕除草，促进苗健康生长（图3-10）。

图3-9 山楂芽接苗灌水   图3-10 山楂芽接苗生长状态

（5）病虫害防治　山楂树在苗期易发生白粉病。其症状是开始时幼叶产生黄色或粉红色病斑，以后叶片两边均生白粉，叶片窄长卷缩，严重时扭曲纵卷。发现病叶可喷 30% 多菌灵悬浮剂 800 倍液或 50% 甲基硫菌灵可湿性粉剂 800~1000 倍液，或 95% 乙磷铝可湿性粉 800 倍液，或 0.1~0.3 波美度的石硫合剂。山楂苗易遭受金龟子危害，要注意捕捉或喷布 25% 西维因可湿性粉剂 400 倍液，或 25% 辛硫磷乳液 800 倍液。山楂红蜘蛛是山楂的主要害虫之一，最初使叶片失绿，严重时枯黄落叶，可喷 5% 噻螨酮可湿性粉剂 1000~1500 倍液等药剂进行喷雾防治，每隔 5~7 天喷 1 次，连喷 2~3 次。

（二）归圃苗的培育

山楂为浅根系树种，水平根系分布为树冠大小的 2~3 倍，极易形成根蘖苗。为充分利用野生资源，就地取材繁殖苗木，可将山楂大树下的根蘖苗或落地种子萌发生成的幼苗集中起来，移栽到苗圃中，在人工管理下培育成苗。

1. 诱发根蘖

为了获得大量的根蘖苗，春季发芽前，可以在山楂母树树冠外围，挖宽 30~40 厘米、深40~60 厘米的沟，并切断直径为 2 厘米以下的树根，沟内填入肥沃湿土，混入农家肥更好。填沟以后要浇水，加强管理，当年可形成根蘖苗。

2. 根蘖归圃

刨苗归圃移栽多在秋季落叶后和春季发芽前进行。雨季栽苗成活率低，苗木生长缓慢，不宜推广。刨苗后按根系的粗细、长短、根量的多少进行分级，分别入圃。栽植形式有畦栽和垄栽，行株距可参照播种圃并适当加大。归圃最好随刨随栽、随浇水，7~10 天后再浇 1 次水，并结合中耕，松土保墒，以利于苗木成活。

3. 根蘖苗管理

对于秋栽的根蘖苗，在第 2 年春季先浇 1 次水，7 天后嫁接。对于春栽的根蘖苗，可在距地面 5 厘米处平茬。萌发后选留 1 个健壮的枝条，夏、秋季嫁接。无论秋栽春接还是春栽平茬，都要及时抹芽，以减少消耗，促进苗木生长。

根蘖苗根系不发达，生长较弱，必须加强田间管理。苗木发芽以后应做好中耕除草、松土保墒工作。5~6 月天气干旱，应满足苗木对水分的需求。6~7 月结合浇水进行开沟施肥，每亩可追施尿素 10 千克，砧木苗长到 30 厘米时进行摘心，以便嫁接。

（三）扦插苗的培育

1. 硬枝扦插育苗

从山楂树上剪取直径为 0.5~1 厘米且充分成熟的 1 年生枝条，剪成长 15 厘米左右的枝段，在平整好的圃地开沟扦插，沟深 15 厘米左右，覆土 10 厘米，立即浇水，隔 3~5 天再浇 1 次水。

在第 2 次浇的水渗下去以后，将扦插沟埋平，以利于保墒。萌芽后留 1 个健壮的枝条进行培育，其余全部掰掉。秋季扦插时应注意培土防寒。

2. 嫩枝扦插育苗

采用当年基本达到半木质程度的优良品种嫩枝作为插条，插条长 15 厘米左右。在插条上端距第 1 节叶柄基部 1 厘米处剪成平茬，下端距末节叶柄基部 0.5 厘米处剪成斜茬，留下 2 片叶，然后用 50 毫克 / 升萘乙酸（NAA）浸泡 3 小时，或用 100 毫克 / 升 ABT 生根粉浸泡 24 小时，浸泡插条深度为 5~10 厘米，扦插时间为 6 月下旬 ~7 月上旬，在日光温室或塑料大棚中进行。

插前预先在日光温室内用砖砌成畦，畦内铺 10 厘米厚的珍珠岩或蛭石为基质，其上可罩塑料小拱棚，用遮阳网遮光。扦插深度为 5 厘米，拱棚内保持相对湿度为 100%，温度为 24~32℃，最适为 28℃，基质温度以 22~26℃最适宜。一般发根成苗率在 70% 以上。

3. 根插育苗

结合秋季深翻扩穴刨出的断根，选取直径为 0.5~1.5 厘米的细根，剪成 10~15 厘米的根段，沟深 15~20 厘米。将沙藏后的根段倾斜 70~80 度插于沟内，注意近根颈的一端朝上，不可倒插。插后埋土、踩实、浇水。水渗下去后再覆土，以利于保墒。埋根后土壤表面要保持疏松，促进生根发芽。

4. 花枝扦插育苗

在山楂初花期，采集嫩花枝（花枝直径为 0.4 厘米以上），剪成 15 厘米长的插条，下端剪成斜茬，保留 1~2 片叶，摘除上端的花序。用 320 毫克 / 升萘乙酸（NAA）浸泡 2 小时，然后进行扦插。扦插环境与嫩枝扦插相同。一般情况下插后 10 天内形成愈伤组织，25 天开始发芽，集中生根多在第 35~90 天。生根率在 95% 以上，比嫩枝扦插生根率高 30% 左右。

> **提示** 山楂的扦插繁殖方法大都还处于试验研究阶段，因为需要的设施条件较高，环境与技术上要求严格，并没有大量应用于育苗生产。另外，扦插繁育用的是山楂优良品种的自根苗，而自根苗的生产性能需要经过多年的观察与评估才能确定。

（四）组培苗的培育

20 世纪 80 年代初，开始有人在山楂育苗生产中试验了组织培养方法，获得可喜的进展，育出山楂组织培养的成苗，为大规模开展工厂化育苗提供了新的途径。随着培养条件和培养方法的不断改进，可以预见这种方法将从试验研究走向真正用于大规模育苗生产之中。山楂的组织培养主要有 2 种方法。

1. 茎尖培养法

采用山楂新梢的顶芽或腋芽接种于培养基中进行培养。采用 MS 培养基，每升另加吲哚乙酸（IAA）0.1 毫克，苄氨基腺嘌呤（BA）和激动素（KT）各 0.5 毫克，水解乳蛋白（LH）300

毫克。生根培养用 1/2 MS 培养基，每升另加吲哚乙酸 1.5 毫克或吲哚乙酸和萘乙酸各 0.5 毫克，蔗糖 1.5%。培养温度为 25~28℃，每天光照 14 小时。接种 3 周左右幼芽生长，开始分化，9 周左右即可转到生根培养基上，15 天左右可分化出新根，25~30 天后当根长约 1 厘米时，打开培养瓶盖，炼苗 2~3 天就可以移栽。移栽 5 天之内要用塑料薄膜覆盖，保持湿度在 90% 以上，5 天后可打开薄膜炼苗直至 10 天之后才可去除薄膜。

2. 种胚培养法

把 MS 培养基中的各种盐和蔗糖用量减半，另加苄氨基腺嘌呤 0.25 毫克 / 升，吲哚乙酸 0.5 毫克 / 升及可溶性干酪素 150 毫克 / 升做成培养基，接种近成熟或已成熟野生山楂种子的种胚，置于 25~30℃恒温和 1000~1500 勒克斯光照度的培养室中培养。接种种胚的分化率为 84.5%。1 枚种胚经 10 个月的培养、增殖，可获得无根绿苗木 1600 多株。把 MS 培养基的各种成分的用量减半，另加吲哚丁酸（IBA）1.5 毫克 / 升做成生根培养基，接种 3 厘米以上的种胚分化苗，生根率为 84.2%。健壮的生根苗通过沙培过渡 3 周左右，转至土壤培养，成活率达 57.1%。

三、苗木出圃

秋季落叶后山楂苗木即可出圃（图 3-11）。起出的苗木假植或贮藏起来。山楂育苗生产是要为山楂栽培产业提供纯正优质的种苗。北方山楂产区各地的环境条件、采用的砧木、繁殖的品种等不同，因此制定的山楂苗木规格、分级标准也有些差异。一般来说，优良的种苗应具备以下 7 个共同的特点。

1）具有该品种的典型性状和特性。

2）生长发育正常，达到一定粗度和高度，组织成熟、充实。

3）整形带内有足够数量的饱满芽。

4）根系发达，有一定长度、粗度和侧根数。

▲ 山楂芽接落叶状态　　山楂 1 年生芽接苗

图 3-11　山楂苗木出圃

山楂 3 年生苗　　　　　　　　　　　　　　　　山楂大苗

图 3-11　山楂苗木出圃（续）

5）嫁接部位愈合良好，无明显坏死组织。

6）根颈部弯曲度小。

7）无严重机械损伤，无检疫病虫害。

山楂苗木分级标准见表 3-2。

表 3-2　山楂苗木分级标准

项目		等级	
		一级	二级
根	侧根数量（条）	≥ 4	≥ 3
	侧根长度 / 厘米	≥ 20	≥ 15
	侧根基部粗度 / 厘米	≥ 0.4	≥ 0.3
	侧根分布	侧根分布均匀，不偏于一方，舒展，不卷曲	偏于一方，舒展，有较多小侧根
茎	苗木高度 / 厘米	80~120	60~80
	苗木粗度 / 厘米	≥ 1.0	≥ 0.8
	颜色	正常	正常
芽	饱满芽数（个）	5~8	5~8
接合部	愈合程度	砧桩剪除，愈合良好	砧桩剪除，愈合良好
苗木	机械损伤	无	无
检疫对象	美国白蛾	无	无

第四章　桃苗木生产技术

按照培育方式的不同，桃苗培育可以分为图 4-1 所示几种类型。

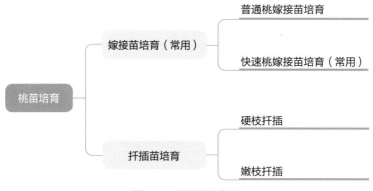

图 4-1　桃苗培育类型

一、苗圃地的选择

桃苗圃地应符合：地势背风向阳、排水良好，避开易涝和地下水位高的地块；以偏砂的壤土为好，砂壤土或重黏土都不好；最好有喷灌或滴灌设施；忌老果树地、菜地、重茬地。

选定育苗地后，在秋、冬季深翻土壤、施足基肥。一般每亩施腐熟有机肥 2000~3000 千克、硫酸钾复合肥 50 千克、硫酸亚铁 50~80 千克。做好畦，畦宽 1.2 米，长 10~20 米，让土壤充分熟化。移植圃宜在移栽前 1 个月，即 3 月上旬整地做畦。

建立大型苗圃地，要根据苗圃的性质和任务，结合所掌握的气象、地形、土壤等资料进行全面规划，大型苗圃包括母本园和繁殖区两大部分。母本树应和砧木、品种区域化的要求相一致。繁殖区可分为实生苗繁育区和嫁接苗繁育区。为了耕作管理方便，最好结合地形采用长方形分区，一般长度不短于 100 米，宽度可为长度的 1/3~1/2，也可以以亩为单位。道路可结合分区进行设置。排灌系统和防护林可结合地形和道路规划设置。房舍建筑包括办公室、宿舍、农具室、种子储藏室、化肥农药室、包装工棚、车库、厕舍等，应选位置适中、交通方便的地点。

二、桃苗的培育

（一）普通嫁接苗的培育

1. 砧木种类

桃的砧木种类及特性见表4-1。

表4-1 桃的砧木种类及特性

砧木种类	特 性
山桃	山桃新梢纤细，果实小，7~8月成熟，不能食用，出种率为35%~50%，每千克种子有300~600粒。山桃的适应性强、耐旱、耐寒、比较耐碱，但不耐湿，在地下水位高的地方有黄叶现象，并易得根瘤病和颈腐病。山桃嫁接亲和力强，容易成活，生长好，是华北、西北、东北等地区桃的主要砧木
毛桃（图4-2）	新梢呈绿色或红褐色，果实较大，8月成熟，可以食用，但品质差，果实出种率为15%~30%，每千克种子有200~400粒。毛桃适应性较强，耐旱，耐寒，耐湿，但不耐积水。毛桃嫁接亲和力强，生长快，结果早，是温暖多雨的南方桃区和气候干旱的西北、华北地区的适宜砧木
毛樱桃（图4-3）	抗寒、抗旱、耐瘠薄，与桃的亲和力较强，矮化作用明显，适用于主干树形，根系不耐湿，对除草剂敏感。毛樱桃作为砧木的嫁接桃品种寿命比山桃、毛桃都短，某些地区出现"小脚"现象
光核桃	耐旱、抗病、抗寒、寿命长，而且根系发达
桃豫农矮化砧木1号	半矮化变异类型，相对于毛桃和毛樱桃，其是良好的矮化砧木

图4-2 毛桃（种子）

图4-3 毛樱桃（种子）

2. 实生砧木苗的繁育

（1）砧木种子的采集 7~8月，当山桃、毛桃等砧木果实充分成熟时即可采摘，山桃果实采摘后，可用堆积软化水洗法取种，晾干，去杂后贮藏备用；毛桃可鲜食取种，也可结合加工收集种子，洗净晾干，进行干藏。

（2）种子处理　采集的种子大约经过 90 天的层积才能发芽。秋播种子在苗圃地里可通过自然层积，春播种子必须经过人工沙藏。沙藏温度以 2~7℃ 最为适宜，用洁净的河沙作为沙藏材料。沙藏层积处理过程见图 4-4。

a. 挖层积沟。选排水良好的背阴处，挖深 60~100 厘米、宽 100 厘米的沟，长度可随种子数量的多少而定。
b. 浸种。将种子倒入盛有清水的水桶内，充分搅拌，放置 2~3 天使其充分吸水。
c. 拌沙。用水将沙子拌湿，湿度以手握成团不滴水为宜。
d. 种沙混拌。浸种后，捞去漂浮在水面的瘪种子和杂质，然后用笊篱从桶内捞取下沉的种子，倒入湿河沙中，充分混拌。1 份种子混合 3 份河沙。

层积。先在沟底铺一层约 10 厘米厚的湿沙，把混合湿沙的种子放入沟内，填至距离地面 10 厘米处，上覆湿沙填平。

然后覆草苫，再覆土 20 厘米左右，并高出地面呈土丘状，以利于排水。

3 月中旬以后，注意经常检查，防止种子没到播种时间就发芽，如有早发芽现象要采取措施降温。3 月上中旬，当有 1/3 左右的种子"露白尖"时挑选桃种仁即可播种。

图 4-4　种子的沙藏层积处理

（3）整地播种　苗圃地要深翻，并施足基肥，整地后做平畦播种，低洼易涝地区可用高畦或高垄育苗。

1）播种时期。分秋播和春播 2 种。秋播在 10 月~11 月中旬进行，种子不需要层积处理，播种前要进行浸种。即将种子放在凉水中浸泡 3~5 天，经常搅动，每天换水 1~2 次；也可以将种子装入麻袋，浸泡在流动的河水中 3~5 天。秋播的种子第 2 年出苗早，幼苗生长快，抗病力强；春播种子需要层积处理，发芽迅速，整齐，出苗率较高，但由于播种晚，幼苗出土迟，前期生长较弱。

2）播种方法。如图 4-5 所示，播前要灌足底水，水渗下 1~2 天后，分区、松土、做畦埂。

（4）砧木苗的管理

①撤除覆盖物。对于先播种后覆盖地膜的要经常检查，幼苗出土后及时撕破地膜，让苗露于膜外，以防幼苗弯曲、黄化或干枯。对于集中育苗的苗床，在部分幼苗出土后，要及时撤除地膜。不论哪种方法育苗，加扣小棚膜的要先通风炼苗，待幼苗适应外界环境后，才可将棚膜

一般行距为 50~60 厘米，每亩出苗 5000~8000 株，为了经济利用土地，增加单位面积出苗量，可以采用宽窄带状条播，宽行为 50~60 厘米，窄行为 20~30 厘米，每畦 4 行，每亩出苗 10000 株左右，播种深度为 3~5 厘米。

撒入毒土以防治地下害虫，如金针虫、蛴螬等。

图 4-5 播种方法

按 7~8 厘米间隔距离点播已经沙藏好的萌动露白的桃种仁。

覆土 2~3 厘米厚。

最后镇压播种后的种子。

为了促进早萌发，提高地温，加扣地膜。

图4-5　播种方法（续）

撤除，注意撤除膜最好在阴天或傍晚进行。

②间苗与定苗。在幼苗长出 2~3 片真叶时进行间苗，疏去过密、弱小和受病虫害的幼苗，同时在缺苗的地方进行移植补苗，幼苗长出 4~5 片真叶时，按 10~20 厘米的株距定苗；对于在苗床集中育苗的，在幼苗长出 1~2 片真叶时即可定植于圃地。

③土壤管理。间苗、定苗后要结合中耕进行弥缝，以免幼根裸露，漏风死苗。移植补苗时要及时灌水，以利于幼苗成活。幼苗长出 5~7 片真叶时，要控制灌水，进行蹲苗，防徒长。5~6 月，幼苗生长较快，天气较干旱，要注意灌水，结合灌水追肥 1~2 次，每亩每次施尿素 5~10 千克。如果苗木细弱，7 月上旬可再追施 1 次。

④摘心和副梢处理。桃砧木苗生长较快，且容易发生副梢，嫁接前 1 个月左右，苗高 30 厘米时要进行摘心，以促使其加粗生长。苗干距地面 10 厘米以内发生的副梢，应留基部叶片及早剪除，以利于嫁接，其余副梢则应全部保留，以扩大叶面积，增加养分积累，培育优质砧木苗准备嫁接（图4-6）。

⑤病虫害防治。春季幼苗容易发生立枯病和猝倒病，特别是在低温、高湿条件下，会造成大量死苗。防治方法是在幼苗出土后，对地面撒粉或喷雾进行土壤消毒，施药后浅锄。开始发

病时，要及时拔除病株，并在苗垄两侧开浅沟，用硫酸亚铁 200 倍液或 65% 代森锌可湿性粉剂 500 倍液灌根。

3. 营养砧木苗的繁育

营养繁殖，又称无性繁殖，包括组织培养和扦插育苗 2 种方式。砧木苗组织培养技术已在部分国家开始使用，法国在 20 世纪 80 年代就已将组培苗大量应用在生产上。目前我国主要采用扦插育苗的方法。

图 4-6　桃砧木苗

扦插时的插床基质要用细河沙和泥炭（草炭）等排水性良好的疏松物质。扦插育苗又包括硬枝扦插和嫩枝扦插。硬枝扦插生根的关键因素是插床基质的温度要高于气温。嫩枝扦插关键在于对空气湿度和土壤湿度的控制，一般采用间歇喷雾设备在白天每隔 90 秒喷雾 6 秒，晚上关闭，这样做可以降低气温和减少插条水分散失，有利于生根。

> **提示**　由于营养繁殖砧木苗的成本和技术相对于实生砧木苗更高，目前国内主要使用的是实生苗繁育砧木。

4. 嫁接

（1）采集接穗（图 4-7）　接穗应从品种纯正，树势强，高产稳产，无检疫对象和其他严重病虫害的母树上采集。春季枝接用的接穗可结合冬季修剪剪取，夏季（生长季节）芽接用的接穗最好是随采随接。接穗采集后立即摘除叶片，保留 0.5 厘米长的叶柄，放入水中或用湿布包裹起来，准备随时嫁接用。

（2）嫁接时期　砧木苗的粗度达到 0.5 厘米以上时即可嫁

① 生长季采集接穗

② 留叶柄 0.5 厘米　接穗摘叶　接穗摘叶后的状态

图 4-7　采集接穗

接。目前桃苗生产上应用最多的是芽接，"T"形芽接在 6~8 月枝条皮容易剥离时进行；如果枝条不易离皮，可带木质部芽接，只要接穗不萌发，带木质部芽接在春、夏、秋季均可进行。不同类型苗木的嫁接时间为：2 年生的成品苗可在春季嫁接或上年 8 月下旬 ~9 月上旬嫁接，当年出圃的速成苗可在 6 月中下旬嫁接，芽苗嫁接在 8~9 月进行。

将接穗浸入清水中

③

图 4-7　采集接穗（续）

注意

秋季嫁接时间宜晚不宜早，应避开雨季，否则嫁接后遇到雨季易流胶，影响成活率；但也不宜过晚，过晚砧木或接穗不离皮，也不易成活。

（3）嫁接方法　桃苗木的嫁接方法较多，有芽接、枝接、切接、插皮接、舌接等，以芽接为主。常用的芽接方法有T形芽接和嵌芽接2种。嫁接时要注意根据砧木粗度选芽，接穗不可粗于砧木，否则形成层难以对齐，不易成活；另外，不用接穗基部和顶端的芽进行嫁接。

5. 嫁接后的管理

（1）剪砧　嫁接苗成活后，当年秋季落叶后至第 2 年早春萌动后，于接芽上面留出 15 ~20 厘米长的砧木桩剪砧，并剪除木桩上的所有砧木副梢。

（2）除萌　嫁接苗萌芽后，砧木上发出的萌蘖一律抹除，并且随出随抹除，一般进行 2~3 次。及时抹除接芽以外的芽，可以保证接芽正常生长，除萌务必要尽，在除萌时不要去掉砧木叶片，以促进苗木的生长。

（3）扶正　待新梢长到 20 厘米以后，在砧木上绑 1 根木棍或竹竿作为支柱，将新梢捆在支柱上，以防被风吹折。接口完全愈合后，即可去掉绑缚的塑料条，以防缢伤。

（4）砧木桩的剪除　当接芽新梢下部已经木质化时（7 月中下旬），及时剪除砧木桩，要求剪口平整，以利于愈合。当达到扶助新梢直立生长或调整主枝的基角、均衡长势效果时，撤除支柱。

（5）肥水管理　嫁接后要及时追肥，以氮肥为主，每隔 10~15 天追施 1 次尿素，每次每亩施 10 千克左右，追肥后浇 1 次透水。叶面施肥时，前期用 0.5% 尿素喷施 2~3 次，后期用 1% 磷肥过滤液喷施 1~2 次。为使嫁接苗粗壮充实，结合防治虫害每隔 15 天左右喷施 0.3% 磷酸二氢钾。后期要控制浇水，雨季及时排水防涝，及时中耕除草。

（6）圃内整形　桃嫁接苗的新梢 1 年可发生 2~4 次副梢，因此圃内整形是桃育苗的一项重要措施。当新梢生长到 80 厘米左右时，留 60~70 厘米摘心定干，同时将距地面 30 厘米以下的副梢全部剪除，其余副梢任其生长。8 月下旬 ~9 月上旬，在干高 40~60 厘米处选留生长健壮、方位合适的 3~4 个副梢作为主枝培养，并将其基角调整到 60~70 度，其余副梢全部加大角度，拿枝软化，截短。

（7）病虫害防治 嫁接枝条由于比较幼嫩，易遭受害虫侵袭，如食心虫、毛虫、刺蛾等，可用 20% 氰戊菊酯（速灭杀丁）乳油 2000~3000 倍液、20% 杀蛉脲悬浮剂 2000~3000 倍液、10% 吡虫啉可湿性粉剂 2000~3000 倍液等，同时可用 70% 甲基硫菌灵可湿性粉剂 1000~1200 倍液、80% 代森锰锌（大生 M-45）可湿性粉剂 800 倍液、50% 多菌灵可湿性粉剂 800 倍液防治多种常见病害。桃的主要病害是缩叶病，主要危害叶片，在春季嫩叶刚从鳞芽抽出时使用 4~5 波美度石硫合剂，农药防治可用 65% 代森锌可湿性粉剂 800 倍液或使用 50% 多菌灵可湿性粉剂 800 倍液，防治效果比较好。防治流胶病，可在冬季修剪后做好清园工作，使用 5 波美度石硫合剂。桃蚜可用 48% 毒死蜱（乐斯本）乳油 1000 倍液或 50% 辛硫磷乳油 600 倍液防治。

（二）快速嫁接苗的培育

随着塑料大棚、日光温室的应用和育苗技术的发展，对于砧木苗和嫁接苗生长都较快的桃来说，可采用快速育苗法（"三当"育苗法），即当年播种、当年嫁接、当年成苗出圃，但要做好以下几项工作。

1. 选用生长迅速的砧木

砧木种类是决定砧木苗生长快慢的内在因素，毛桃砧木不仅适应性广，而且生长迅速，播种后当年 6 月就能达到嫁接粗度，适用于快速育苗。

2. 提高播种效率与出苗率

毛桃种子粒大，外壳坚硬，抵抗不良环境的能力较强。因此，在保护地育苗时，最好在前一年秋季播种，如果春播则要求早播种。无论春播还是秋播，除覆盖地膜外，凡有条件都应在 3 月上旬设置风障防寒，并在土壤开始解冻时架设塑料小拱棚，棚内温度不低于 0℃，夜间盖草苫保温。幼苗出土后，棚内温度应高于 30℃，并及时通风换气，以后随着气温升高，要加强通风炼苗，逐渐减少覆盖物，到 5 月上中旬可全部撤除覆盖物。

3. 早摘心和早嫁接

砧木苗长到 30 厘米时应早摘心，促进其加粗生长，并及时清除嫁接部位以下的副梢。当砧木基部粗度达到 0.5 厘米时即可进行"T"形芽接，需要的材料和工具有接穗、芽接刀（图4-8）、塑料条、磨石（图4-9）等。具体方法见图 4-10。

图 4-8　芽接刀

图 4-9　磨石

芽上 0.5 厘米处横切→

1.0 厘米

盾状芽片

①

用刀在接穗芽上方 0.5 厘米处横切一刀，深至木质部，然后在芽的下方 1.0 厘米处下刀，由浅入深向上推刀，略倾斜向上推至横切口，用手捏住芽的两侧，轻轻一掰，取下 1 个盾状芽片，注意芽片不带木质部。

②

在砧苗距地面 5 厘米以下的光滑处切成"T"形接口，深至木质部。

③

剥开皮层插入接芽，芽片上端与砧木横切口对齐挤紧。

④

用塑料条由下至上绑缚，露出叶柄，包紧包严。

⑤

从嫁接桃苗基部数，留下 8~10 片叶后进行第 1 次剪砧，然后剪除嫁接苗以上的分枝。

第 1 次剪砧及灌水

⑥

剪砧后灌 1 次透水。

图 4-10　桃"T"形芽接

提示 为使嫁接苗当年有足够的生长时间，6 月底以前要全部接完。

4. 嫁接后的管理

芽接后 5~7 天即可检查成活情况。如果芽片新鲜、叶柄一触即落，就表明已成活；未成活的要时补接。嫁接后要及时除去砧木上的萌蘖。一般 7 天左右抹除 1 次，需要除 5 次左右。当接芽萌发长至 15 厘米左右时进行第 2 次剪砧（图 4-11），剪砧的同时解绑。8 月上旬结合灌水，每亩追施水溶性复合肥 10~15 千克；同时加强根外追肥，立秋以后结合喷药喷施 0.3% 磷酸二氢钾溶

第 2 次剪砧前

第 2 次剪砧后苗的状态　　第 2 次剪砧后

图 4-11　桃的第 2 次剪砧

液，促进枝芽成熟。注意防治病虫害，主要是蚜虫（图 4-12）、潜叶蛾（图 4-13）等，培育优质桃嫁接苗（图 4-14）。秋季落叶后苗木休眠即可安排桃苗出圃。

图 4-12　桃苗蚜虫

图 4-13　桃苗潜叶蛾

（三）扦插苗的培育

（1）硬枝扦插　在休眠期，采用充实的 1 年生发育枝，粗度为 0.5~0.7 厘米，截成长 15~20 厘米的小段，将插穗基部削成马蹄形斜面。扦插深度为 5~6 厘米。

图 4-14　桃嫁接苗

（2）嫩枝扦插　采集带叶嫩枝，取中段刚木质化的部分作为插穗，下段老熟和上段幼嫩的部分均不宜采用。插穗长 15~20 厘米，剪除下端叶片，上端保留 3~4 片叶，每片叶只留半片，将插穗基部削成马蹄形。扦插于有间歇式弥雾装置的插床上，注意保湿。

在根系发生较好、上端萌芽生长后，硬枝扦插苗可移入泥炭盆中过渡。嫩枝扦插苗可移入湿润粗沙与蛭石各半的混合钵中，在荫棚中放置 3~4 天后再移到阳光下。在根系发达、上端生长良好后，或移入苗圃培育，或直接栽植于果园。

三、苗木出圃

一般苗木出圃在落叶后至土地上冻前或开春土地解冻后进行。苗木出圃前，对苗木的品种、数量、质量应有详尽的调查清单，并准备好起苗、包装、运苗的工具和材料，苗木量大时需安排苗木的假植和贮藏场地等，并组织安排好劳力。

1. 起苗时间
秋冬季起苗应在苗木落叶后至土壤封冻前进行（图 4-15），在华北地区一般是在 11 月上旬 ~12 月下旬。春季起苗应在土壤化冻后至苗木萌芽前进行。

2. 起苗要求
首先要分清品种。起苗时若土壤过干应适量灌水，2~3 天后再进行起苗。起苗要逐畦进行，将苗木根系完整挖起。对于成品苗，要保护好 40~80 厘米整形带内的芽，尽量不造成根系或主干损伤，严格禁止硬性拔苗。苗挖出后，要剪去其受伤的根和根上的伤口。修整成品苗主干上的二次枝。每个品种起苗完成后，要根据苗木分级标准进行分级，每 20~50 株为 1 捆并挂牌（图 4-16），标明品种、砧木类型、苗龄等。

桃芽接苗开始落叶　　　　　　　　　　　桃芽接苗落叶后

图4-15　可起苗的桃芽接苗

3. 苗木的分级

苗木必须分级。生产上常用的桃的苗木主要有实生苗、营养砧、芽苗、1年生苗、2年生苗。其中，实生（砧）苗是指用种子繁殖的砧木，如山桃、毛桃等；营养砧是指通过营养繁殖的方法生产的砧木；芽苗，又称半成品苗，指当年播种、秋季嫁接但接芽当年不萌发的苗木；1年生苗，又称速生苗，指当年播种、当年嫁接、当年成苗出圃的苗木；2年生苗是指播种当

图4-16　桃苗分级打捆

年嫁接或第2年春季嫁接成活后，生长1年，于秋季落叶后或第3年春季出圃的苗木。生产上要求最好选用2年生或1年生的苗木，一般情况下不要用芽苗，但在繁育栽植新品种时，由于苗木的缺乏，也可用芽苗。在选择苗木的同时要注意苗木的粗度、高度及整形带内的芽数等具体指标。砧段粗度指距地面3厘米处的砧段直径；苗木粗度是指嫁接口上端5厘米处茎的直径；苗木高度是指根颈处至苗木顶端的高度；整形带指2年生苗和1年生苗地上端30~60厘米或定干处以下20厘米的范围；饱满芽指整形带内生长发育良好的健康叶芽。具体1年生、2年生桃苗分级标准见表4-2和表4-3。

表 4-2 桃 1 年生苗分级标准

项目				等级		
				一级	二级	三级
品种和砧木类型				纯度≥95%		
根	侧根数量（条）	实生砧	毛桃、新疆桃、光核桃	≥5	4~5	
			山桃、甘肃桃	≥4	3~4	
		营养砧		≥4	3~4	
	侧根长度/厘米			≥15		
	侧根粗度/厘米			≥0.5	0.4~0.5	0.3~0.4
病虫害				无根癌病和根结线虫病		
砧段长度/厘米				5~10		
苗木高度/厘米				≥90	80~90	70~80
苗木粗度/厘米				≥0.8	0.6~0.8	0.5~0.6
茎倾斜度（度）				≤15		
根皮与茎皮				无干缩皱皮和新损伤处，老损伤处总面积≤1.0 厘米²		
枝干病虫害				无介壳虫		
芽	整形带内饱满叶芽数（个）			≥6	5~6	
	结合部愈合程度			愈合良好		
	砧桩处理与愈合程度			砧桩剪除，剪口环状愈合或完全愈合		

表 4-3 桃 2 年生苗分级标准

项目				等级		
				一级	二级	三级
品种和砧木类型				纯度≥95%		
根	侧根数量（条）	实生砧	毛桃、新疆桃、光核桃	≥5	4~5	
			山桃、甘肃桃	≥4	3~4	
		营养砧		≥4	3~4	
	侧根长度/厘米			≥20		
	侧根粗度/厘米			≥0.5	0.4~0.5	0.3~0.4
病虫害				无根癌病和根结线虫病		
砧段长度/厘米				5~10		
苗木高度/厘米				≥100	90~100	80~90
苗木粗度/厘米				≥1.5	1.0~1.5	0.8~1.0
茎倾斜度（度）				≤15		

（续）

项目		等级		
		一级	二级	三级
根皮与茎皮		无干缩皱皮和新损伤处，老损伤处总面积≤1.0 厘米²		
枝干病虫害		无介壳虫		
芽	整形带内饱满叶芽数（个）	≥ 8	6~8	
	结合部愈合程度	愈合良好		
	砧桩处理与愈合程度	砧桩剪除，剪口环状愈合或完全愈合		

4. 假植

计划秋栽的，秋季起苗后即可栽植。若起苗后要待第 2 年春季栽植的，需要对苗进行假植贮存（图 4-17）。

假植要选择干燥、背风、不积雪和运输方便的地方，用湿沙或砂壤土覆盖为宜。假植沟以东西向为好，深 60~70 厘米，宽 100~200 厘米。长度依苗木数量和地段而定。苗木假植时，使苗木头向南、根朝北、与地面成 45 度角斜

图 4-17　桃苗假植贮存

植在沟内。放 1 排桃苗，盖严后再放 1 排，然后覆盖湿沙，每排要挤紧且不留空隙。放完后，在最后一排苗木上再盖沙土约 30 厘米厚，沙土较干时适当灌水，若沙的湿度合适（手握成团，松开即散）则不需灌水。灌水时，对灌水冲开的空洞应及时用湿沙填充。封冻前再加 1 层土，埋到苗木高度的约 2/3 处。在寒冷的北方地区，沟上还应覆盖草帘防冻。桃的苗木品种多时，要注意对其进行分隔和挂牌，以防弄乱。

5. 苗木检疫

按照植物检疫的规定，严禁引种带有检疫病虫害的苗木，在苗木中一旦发现检疫病虫害应立即就地烧毁，严格控制其蔓延，产生带病苗木的地块土壤也需要进行隔离消毒。桃苗木检疫病虫害有：李属坏死环斑病毒、桃丛枝病、桃根癌病、桃根结线虫等。苗木生产单位或个人在苗木出圃前，需经植物检疫机关及指定的专业技术人员进行检疫，苗圃人员及其他有关人员必须遵守检疫相关条例，依法积极配合。

6. 苗木消毒

可用 3~5 波美度的石硫合剂浸苗 10~20 分钟，然后用清水冲洗干净。少量苗木也可用 0.1% 升汞溶液浸 20 分钟，另外可用抗根癌菌剂 K84 加入 1~2 倍的水制成悬浮液蘸根，可有效防治桃根癌病。

第五章 李子苗木生产技术

按照培育方式的不同，李子苗培育可以分为图 5-1 所示几种类型。

图 5-1 李子苗培育类型

一、苗圃地的选择

（1）位置 苗圃地应选择交通方便并靠近居民点的地方，以利于苗木的出圃和苗圃所需物资的运入，并且在春、秋季苗圃工作繁忙的时候也便于招收季节工（临时工）。山顶、风口、山谷及地势低洼容易积水的地方不能作为苗圃地。

（2）土壤 良好的土壤条件才有利于种子发芽、苗木生长，才能培育出优质苗木。李树主要的吸收根分布在距地表 20~40 厘米的土层内，要求土壤深厚，厚度至少要大于 40 厘米，以砂壤土为最好。通常以中性、微酸性或微碱性的土壤为好（适宜的土壤 pH 为 6.5~7.5），以利于磷肥发挥最大效率。要特别注意的是一般菜地不易做苗圃地，李树容易得根腐病，尤其是茄科和十字花科的菜地。

（3）水源 在选择苗圃地时，一定要靠近水源，如河流等。如果附近没有水源，要打井以保证有足够的用水。

（4）地形 苗圃地尽量选在排水良好、地势平坦的地方。坡地的坡度不能大于 5 度，坡度过大应修建梯田。坡向以东南坡、南坡为宜。

二、李子苗的培育

（一）嫁接苗的培育

嫁接繁殖是李子苗木最主要的繁殖方法。李子砧木的选择和其他树种一样，应在了解当地土壤、气候条件的基础上，做到因地制宜、适地适树、就地取材、引种和育种相结合，力求选择最佳砧木品种。

1. 砧木种类及其培育方法

（1）砧木种类及特性 李子的砧木很多，如毛桃、山桃、西伯利亚杏、普通杏、小黄李、中国李、毛樱桃（图5-2）和榆叶梅等都可作为李子的砧木。这些砧木一般都有比较强的抗旱、耐寒能力，并与李子有较好的嫁接亲和力。李子嫁接苗主要砧木种类及特性见表5-1。

图 5-2 **毛樱桃苗**

表 5-1 **李子嫁接苗主要砧木种类及特性**

砧木种类	特性
毛桃	适应性较广。根系发达，生长旺盛，与李子嫁接亲和力强，接后生长快，结果早，果实品质好，但寿命较短，耐盐碱性和耐湿性较强，但易患根头癌肿病。毛桃作为砧木时营养生长过盛，对抗寒性差的品种不宜使用
山桃	原产于山西、河北、甘肃等省。核比毛桃小，每千克有 400 ～ 500 粒。树势强，与中国李嫁接亲和力好，结果早，丰产，抗旱、抗碱性强，但不耐涝，寿命短，与欧洲李亲和力差。有研究表明，牛心李用山桃作为砧木时有"小脚"和流胶现象，用毛桃作为砧木最好
西伯利亚杏	嫁接亲和力好，耐旱，但与欧洲李亲和力差，而且进入结果期晚，树体高大，不宜作为矮化密植园的砧木，在东北地区应用较广泛
普通杏 / 山杏	据报道，在河北省涿鹿县，将安哥诺李嫁接在 10 年生以上的普通杏（串枝红杏、木瓜杏、香白杏）上，均表现为嫁接亲和性好、无接口开裂和流胶、无"大小脚"现象，且早果丰产，经济效益可观。在河北省固安县东湾乡杨屯村进行的试验表明，大石早生李用普通杏作为砧木有不亲和现象
小黄李	小黄李属中国李的半野生类型，主要分布在黑龙江省、吉林省、辽宁省的长白山脉和松花江流域。核小而整齐，呈卵圆形，每千克有 1400~1600 粒。经过层积的种子在播种后半个月左右可以出苗。与栽培品种嫁接亲和力强，树冠较大，树体寿命长。抗寒力强，耐 -40℃ 的低温，抗涝性强，在地表以下 20~100 厘米深的土壤中，田间持水量为 105%~133% 的情况下，持续 70 天仍能正常生长，是我国北方低洼地区栽培李树最理想的砧木。缺点是抗旱力较弱，对种子层积的技术要求较为严格

砧木种类	特性
中国李	嫁接亲和力好，结果早，丰产，寿命长，抗寒，耐湿，但易萌生根蘖，适合作为南方品种的砧木，普遍应用在南方李子栽培区
毛樱桃	核小而整齐，每千克有 10000~12000 粒。种子播种后出苗率高，与嫁接品种亲和力好，结果早，抗寒性较强，矮化，但树体发育缓慢，易衰老，抗旱性、抗涝性均差，有"小脚"现象，树体寿命较短。据报道，黑龙江省海伦市以毛樱桃作为砧木嫁接绥李 3 号，由于其根系生长弱、分布范围小，又缺乏对当地严寒的抵抗能力，从接后第 4 年开始死亡，成活时间最长的树的寿命不超过 10 年。但在辽宁省的本溪市、新宾县等地，以毛樱桃作为砧木嫁接"牛心""香蕉"等李品种，对树体有明显的矮化作用，且能提早结果，提高产量，树龄最大的达 17 年
榆叶梅	在全国各地均有栽培。核较小，每千克有 3600 粒左右。嫁接亲和力好，抗寒，抗旱，耐盐碱性强，但有"小脚"现象，不耐涝。据报道，在甘肃省张掖市，绥李 3 号、奎丰、奎冠用榆叶梅作为砧木，表现矮化且显著提高了果实品质。新疆生产建设兵团农七师果树研究所提供的资料表明，榆叶梅嫁接李子具有抗寒性强、耐盐碱、树冠矮化、早结果、亲和力强、萌芽早等特点，能达到当年播种、当年嫁接、当年出圃的效果

应充分考虑要嫁接品种与砧木品种的亲和性，以及当地对苗木的主要要求，以免砧木苗选择不当给用苗者的生产带来后患。如果苗木需求地气候寒冷，应选择抗寒性强且其他性状也较好的砧木品种，如西伯利亚杏；如果地雨水多，常有涝灾，则应在亲和性良好的前提下选择耐涝的砧木品种，如中国李等。

（2）采种时间　为了保证砧木种子发育成熟，一般在果实达到生理成熟期时采收，此时李子的果实表现为果肉明显变软，充分体现该品种的固有风味，着色品种充分着色等。注意把握砧木品种的成熟期，过早种仁发育不完全，过晚果实落地，种子易随果实一起腐烂或被泥土掩埋，即使捡回，种仁也易发霉。种子的采收宜在晴天进行，忌阴雨天采种，以防种子发霉、沤烂，要求采收的种仁充实、饱满。

（3）采种方法　采收的果实可堆放在棚下、背阴处或缸内，使果肉、果皮软化，堆积过程中要经常翻动，防止发热损伤种胚而降低种子的发芽能力。堆放 7~8 天，在果肉充分软化后，即可用水淘洗的方法取种，并漂去空瘪种子，将洗净的种子铺在背阴通风处晾干，忌阳光暴晒。如限于场所条件或遇阴雨天气，则应及时进行人工干燥，一般可在热炕或干燥的室内晾干，并且逐步增温，经常翻动，温度不应超过 35℃。

（4）良种筛选　为保证出苗率和砧苗质量，要对采集的种子进行筛选。一般用水选法，即利用密度原理去除病种、瘪种和其他杂质，具体方法为：晴天或天气干燥时，在容器内放水，倒入种子进行搅拌，捞去浮在上面的轻种、杂质，最后捞出下沉的种子并晾干。经过筛选的种子的纯净度应达到 99% 以上，还应选择发芽势强、发芽率高的 1~2 年的优质种子。

（5）种子贮藏　经筛选的种子如未计划沙藏处理或立即播种，要做好贮藏工作，最好用麻袋或多孔纸袋包装，贮藏在干燥、通风、避免阳光直射的地方，气温以 0~8℃为宜，还要注意防虫害、鼠害。

（6）层积沙藏　春季播种的种子，应于冬季进行层积处理，以保证出苗率。先用 0.5% 高锰酸钾溶液浸种 2 小时，或用 3% 高锰酸钾溶液浸种 30 分钟，然后取出阴干后播种或沙藏处理。但是，对胚根已突破种皮的催芽种子，不宜用高锰酸钾溶液消毒，以免产生药害。层积沙藏的方法是在背阴干燥处，挖 50~60 厘米深的坑，长和宽视种子数量而定，将种子用清水浸泡 2~3 天，用湿沙（以手捏成团，一触即散，无水滴为度）拌好，种子和沙的比例为 1 : 3。先在坑底铺 5~10 厘米厚的湿沙或鹅卵石，再将拌好的种子铺撒进去，一直铺到离坑口 10 厘米处，上面用湿沙填平，最后用土培成高出地面 10~15 厘米的土堆，以防积水。当种子量大时，可以隔一定距离放 1 个草把，以便通气和散热。层积坑要注意防鼠，可以在四周布下细孔的铁丝网或投放鼠药。层积过程中要进行 1~2 次检查，及时将霉烂的种子挑出，并添加一些干沙以降低湿度，当有大部分核裂开时，即可取出播种。不同砧木种子层积时间不尽相同，详见表 5-2。

表 5-2　不同李子砧木千克种子数与层积天数

砧木种类	千克种子数（粒）	层积天数 / 天	砧木种类	千克种子数（粒）	层积天数 / 天
毛樱桃	10000~12000	90~100	榆叶梅	3400~3600	100
小黄李	1400~1600	120~150	毛桃	400	100~120
西伯利亚杏	1000~1200	50~100	山桃	400~500	100~120

（7）播种　冬季前先施基肥、灌水、深翻，在春季土壤解冻、气候渐暖时整地。为保证出苗顺利，应在播种前浇足底水。通常情况下做平畦播种即可，低洼易涝地区可用高畦或高垄育苗。在层积的种子大部分"开口"时取出种子播种，一般采用点播的方式，行距为 5~8 厘米，播种深度视土壤种类和土壤湿度而定，砂壤土宜播得深些，黏土可播得浅些，一般为 3~5 厘米。播后覆土踏实，并将地表耙松，以利于保墒。在出苗前不宜浇水，以免降低土温，延迟出苗；此外，土壤太湿也容易招致立枯病的发生。一般 15~20 天即可出苗。

如果层积或催芽的种子出芽过长，不宜采用点播的方法，以免折伤胚根，影响出苗。可以采用"抹芽"的方法补救。即在做好的垄上开 3~5 厘米深的小沟，浇少许水，待水渗下后立即将已发长芽的种子插入泥中，插时注意胚根向下，上面覆 2~3 厘米厚的细土，"抹芽"的方法虽然比较费工，但出苗快且整齐。

（8）砧木苗管理　砧木苗生长前期的工作重点主要是在保证幼苗成活的基础上进行蹲苗，促进其根系的生长，为以后苗木速生、丰产打下良好的基础。因此，对于育苗地要加强管理，合理灌溉，及时除草松土，适时间苗，必要时对幼苗适度遮阴及进行病虫害防治。

①间苗与定苗。直播种子以后，一般在幼苗长出 2~3 片真叶时开始第 1 次间苗，过晚会影响幼苗生长。间苗应在降雨或灌水后结合中耕除草进行，一般分 2~3 次，定苗时的保留株数可稍大于产苗量。当幼苗受到某种灾害时，定苗时间要适当推迟。要做到早间苗，晚定苗，及时

进行移植补苗，使苗木分布均匀，生长良好。

②浇水。浇水是培育壮苗的重要措施。一般说来，播种前应灌足底水，出苗前尽量不要浇透水，以防土壤板结和降低地温，影响种子发芽出土。在长出幼苗初期，床播应用喷壶少量洒水，直播也要少浇，在长出真叶前切忌漫灌，但要求土壤湿度稳定。在旺盛生长期形成大量叶片，需水最大；秋季的营养物质积累期需水量小。一般苗木生长期需浇水 5~8 次。生长后期要控制浇水，以防贪青徒长。进入雨季后，应注意排水防涝，苗木长时间处于积水状态易造成根系腐烂，发生病害甚至死亡。

③中耕除草。中耕可以疏松土壤，减少蒸发，起到抗旱保墒的作用。李子属于浅根系植物，所以与杂草竞争养分、水分激烈，应及时进行中耕除草，同时进行培土防露根，拔除苗周围杂草时，操作要细致，不要伤苗，土壤孔隙度大的间苗后应进行弥缝、浇水，以保证幼苗根系不露。除草次数依草量而定，一般要进行 4~5 次。

④追肥。李子苗追肥要分 2~3 次进行。前期施用氮肥，每次每亩施尿素 5~10 千克，后期应施用复合肥，每次每亩施 8~10 千克。施肥的具体方法为：把化肥均匀地撒在畦面上，随后浇水，而后结合除草中耕 1~2 次；或在苗木行间开沟施肥，然后覆土浇水，再浅锄 1 次即可。另外，大雨后土壤中的氮素大量流失，若能立刻追施速效氮肥，肥效比较明显。

⑤摘心、抹芽。砧木摘心能促使植株加粗生长和提前嫁接。李子的砧木很少有副梢，所以要及时摘心，促使砧木在嫁接前达到嫁接粗度。摘心应在夏季、植株旺盛生长结束前进行，一般以芽接前 1 个月、苗高达 30~40 厘米时摘心为宜。摘心过早，常刺激植株下部大量萌发副梢，影响嫁接，过晚则失去作用。砧木苗抹芽是指及早抹除苗干基部 5~10 厘米以内萌发的幼芽，其余全部保留，以增加叶面积。

2. 嫁接

（1）冬采接穗　实践证明，冬至前后采集的接穗最好，果农多在"三九""四九"天采集，因为这段时间果树正处于休眠期，所采接穗易贮藏、接后易成活、穗芽贮期萌发晚，可延长嫁接时间。采集时要选树势强、品种优良、高产优质、发育充实、无病、无虫的壮年母树，在母树上再选取组织充实、生长健壮、芽饱满的 1 年生发育枝作为接穗。接穗采集后捆成一定数量的小捆，挂上标签，然后用塑料薄膜包好，放在窖内，贮藏期窖温保持在 0℃以下。也可选背风向阳处，挖深、宽均为 80~100 米的沟，长度根据贮藏量而定，使沟底保持湿润，先铺厚 10 厘米左右的沙土，然后将接穗分层放入沟内，每 2 层接穗之间放厚 4~5 厘米的湿沙，但最上层接穗距沟底不能超 35 厘米，上面培湿润沙土厚 45~60 厘米，将沟口封严。第 2 年春季嫁接时随取随接，取出后用水泡浸，嫁接时放在水桶内，防止水分散失，降低成活率。

（2）夏采接穗　李子"T"形芽接一般于 6 月进行，对接穗的要求是随采随接，剪下枝条，去除叶片，保留叶柄，用湿布包好。一时用不完的接穗应用湿布包好后置于冷凉处（地窖、水井或冰箱中），也可用湿沙埋住。如果想远途运输，应用湿布包好（拧去过多水分），再用塑料薄膜包严，以免干枯。包装物内水分不可过多，否则会造成沤芽，降低成活率。嫁接前放入水桶中保存接穗（图5-3）。

（3）嫁接方法　6月时砧木和接穗都容易离皮，可采用"T"形芽接，其他时间则不宜用"T"形芽接（图5-4），因为李子的树皮较薄，芽不易剥离，会影响成活率，所以主要采用带木质部芽接法，此法嫁接速度快，成活率高，还可延长嫁接时间，而且可以使用冬季前贮藏的接穗进行嫁接。

图 5-3　李子的夏采接穗

注 意

在春季进行芽接时，尽量将接芽嫁接在向阳处，以利于提高接口处的温度；而在夏季进行芽接时，应尽量把接芽接在背阴处，以降低接口处的温度。另外，愈伤组织在较暗的条件下生长速度较快，这也是在夏季嫁接时应尽量将接芽接在苗木的背阴处的一个原因。早春可以采用枝接的方法进行嫁接，选用切腹接、劈接、舌接等方法进行嫁接。

削接芽　切砧木　插接穗　绑缚

图 5-4　李子苗的
"T"形芽接　毛樱桃"T"形芽接李子苗

3. 嫁接苗管理

（1）检查成活情况与补接　一般枝接需在10~15天后才能看出成活与否。如果接芽湿润有光泽，叶柄一碰即掉，则表明已成活，可解绑；如果接芽变黄变黑，叶柄在芽上皱缩，即表明没有成活，应及时补接。对未接活的，在砧木尚离皮时应立即补接。接好成活后应选方向位置较好、生长健壮的上部一芽作延长生长，去掉其余的芽。未成活的应从砧木苗中选一壮枝保留，其余剪除，芽接或第2年春季枝接（图5-5）。

（2）剪砧和移栽　春季芽接，成活后及时剪砧（图5-6）。剪砧可以促进接芽的萌发，当年秋季出圃。秋季芽接的苗木，应在第2年春季萌芽前剪砧。在接芽上端0.6厘米处将砧冠剪掉，剪口向接芽背面微斜，剪口要平整，以利于剪口正常愈合。然后按行距为50~60厘米，株距为15~20厘米移栽。

图5-5　李子早春枝接补接

图5-6　李子芽接剪砧萌发状态

注 意

留桩不可太长，太长会使芽苗弯曲，不利于苗木生长，降低苗木质量；但也不可太短，太短会伤害接芽，尤其是在春季风大、干燥的地区应适当留长些。剪砧也不可过早，以免剪口风干和受冻。

（3）除萌和摘心　芽接剪砧后砧木基部发生大量萌蘖，应及时抹除（图5-7）。除萌可用手掰，但不要损伤接芽和撕破砧皮，特别是掰除接芽以上的萌蘖时，注意不要损伤接芽。枝接嫁接成活、芽萌发后，砧木萌蘖也萌发，应及时抹除砧木上的萌蘖（图5-8）。由于李树生长旺盛，可在苗圃内摘心，促进其早成形。在苗高40~50厘米时进行摘心，使剪口下萌发新梢，形成主枝，培育自然开心形树形。若培育其他树形，可在苗高70~80厘米时进行摘心。促发分枝，以缩短整形年限。

图5-7　李子芽接苗除萌

图 5-8 李子枝接苗除萌

（4）支柱保护 春季剪砧后的芽接苗，接芽生长迅速，在未木质化以前，很容易被风从自接口部分吹折。如果当地春季风大，为防嫩梢折断，需要立支柱保护，并及时绑缚。对于夏季芽接的嫁接苗，如果当地春季风大，在第 2 年当新梢长到 30 厘米时，解除塑料条，可在砧木上绑 1 根支柱，以防风吹折嫩梢。

（5）肥水管理 对于芽接苗和枝接苗，在接芽萌动前不浇水。在接芽萌发后及时浇水，以保证嫁接苗迅速生长（图 5-9）。

图 5-9 李子嫁接苗的生长

当年嫁接，当年剪砧，当年成苗的"三当苗"应当在芽长出后结合浇水追施氮肥，每亩可施尿素 20 千克，促进其早期生长（图 5-10）。但一定要注意，在生长后期控制氮肥施用量和灌水量，适量追施磷钾肥，促进苗木充分木质化。

春季剪砧后的芽接苗，当接芽萌发后也应及时浇水。为使嫁接苗生长健壮，结合浇水于 6

月上旬追 1 次肥，每亩追施硫酸铵 7.5~10 千克，苗木生长期及时中耕除草，保持土壤疏松、无杂草。

图 5-10　李子"三当苗"生长状态

（6）防寒保护　在我国北方地区，尤其是冬季风大的寒冷地区，芽苗（夏季芽接成活但没有萌发的嫁接苗）易受到冻害，最根本的防范措施是提高苗木的抗寒能力，适当早播，合理施肥，适当增施磷钾肥，适时停止灌溉，加强苗期培育管理等。除此之外，应在土壤结冻前培土或封垄进行保护。一般培土应高出接芽 10~15 厘米，土壤含水分多时，培土后不要踏实。第 2 年春季发芽前要将培土除去，但在土壤黏重、降水又多的地区，为防止接芽窒息死亡，不宜培土，有条件的地区可用高粱秆、玉米秸或芦苇设防寒障，如果是东西畦，一般 8~10 畦设 1 道防寒障，可以减低风速，增加积雪，起到防寒的作用。

（7）病虫防治　在潮湿的雨季，李子苗易患穿孔病，需进行药剂防治。在早春发芽前，喷 1 次 4~5 波美度的石硫合剂。展叶后和发病前喷 3% 中生菌素（克菌康）可湿性生粉剂或 72% 硫酸链霉素可湿性粉剂 3000 倍液，交替使用，每 15 天喷 1 次，共喷 3~4 次。此外，春季接芽萌发的新梢，极易遭受金龟子、红蜘蛛、蚜虫和毛虫等危害，防治方法见表 5-3。

表 5-3　李子苗期主要虫害及防治方法

病虫	防治方法
金龟子	黑光灯诱杀，树上喷施 80% 敌百虫乳油 800 倍液，25% 西维因可湿性粉剂 1000 倍液，50% 马拉松乳油 1000~1500 倍液
红蜘蛛	喷施 1.8% 阿维菌素乳油 4000~5000 倍液，防治效果较好
蚜虫	在蚜虫发生期喷 10% 吡虫啉（扑虱蚜），可湿性粉 3000~5000 倍液。特别注意，苗圃附近不宜种植烟草、白菜等作物，以减少蚜虫夏季繁殖的场所
毛虫	在幼虫发生危害期应经常检查，发现幼虫群集危害时应及时消灭。当虫害大面积发生、虫口密度又大时，可以喷 20% 氟铃脲·辛硫磷乳油 1500~2000 倍液消灭成虫

（二）扦插苗的培育

李子扦插育苗以嫩枝扦插为好，一般移栽成活率和和生根率可达 80%~85%。春、秋季均可扦插育苗，但秋季扦插育苗成活率更高。嫩枝扦插育苗要做好以下工作。

（1）苗床准备　苗床要有专门的遮阴棚遮阴，棚下搭设简易小拱棚，其规格可视育苗需求而定。苗床大小视育苗数量而定，一般每平方米可育苗 300~400 株。苗床疏松整平后，掘出

10~15 厘米深的土，在扦插床上铺上同样厚度的细沙（不要用绵沙，因绵沙保水性太强，容易沤烂插条，且不容易提升地温，愈伤组织长得慢）或蛭石并整平，扦插前浇 1 次透水，过 2~3 天进行苗床灭菌杀毒，一般用 0.5% 高锰酸钾、50% 多菌灵、70% 甲基硫菌灵可湿性粉剂 500 倍液或 58% 代森锰锌可湿性粉剂 500 倍液喷洒床面，喷药量以湿润沙床表面为度。

（2）插穗采集　从生长健壮、无病虫害的母株上采集无机械损伤、直径为 5~10 毫米的优质 1 年生的半木质化带叶健壮嫩枝（早春扦插可采集去年未萌枝）作为插条。插条长度以 10~20 厘米为宜，上部保留 2~3 片叶。按一定数量捆成束，及时系上标签。

（3）扦插　将成束插条的基部（约 2 厘米）浸入 250 毫克/升萘乙酸中 1 小时，或用 50 毫克/升 ABT 生根粉 1 号溶液处理 10~12 小时，或采用 1000 毫克/升萘乙酸速蘸法（即边蘸边插），具体可根据实际情况而定。将接穗从浸泡液中取出，在上部离芽 1 厘米处平剪，下部切口切成斜形；扦插前，先用小木棍或玻璃棒在扦插床上打孔，然后再把插条插入孔内。行株距一般为 8 厘米×5 厘米，扦插深度为 5~8 厘米，插后立即浇水，使插穗与插床紧密接触，及时扣棚保湿。

（4）扦插苗管理　整个育苗过程中，要注意调好棚内的温度，保持在最适温度（20~28℃），如果晚间气温过低，需盖草苫子防冻，中午棚内温度超过 30℃时则需降温，最好的方法是喷冷水，但应在保证温度和空气相对湿度适宜的前提下尽量减少苗床的含水量，否则插条会因通气不良而腐烂，以相对湿度在 70%~80% 为宜。由于是带叶嫩枝扦插，因此必须让自然散射光照射棚内，以利于插穗进行光合作用。

（5）炼苗移栽　移栽前需控水，揭去覆盖物炼苗 7~8 天，即先揭开少部分棚膜和遮阴物，通风透光，再逐渐增大揭开面积。揭膜后除及时防治病、虫、草害外，还要注意施肥，每 15 天左右用 0.3% 尿素或磷酸二氢钾追施叶面肥，并结合灌水配施适量氮、磷、钾肥，让扦插苗"吃饱喝足"，当扦插苗有 10 条左右长 5 厘米以上的根时，就可向地里移栽。

（三）组培苗的培育

以大石早生李为例，其组织培养无病毒苗的繁育过程如下。

1）将 1 年生苗栽于大花盆中，待苗萌芽后移入热处理培养室，进行预处理，保持 25℃恒温，相对湿度为 70% 以上和光照度为 3000 勒克斯，处理 3 天。而后升温到 38~40℃，继续保持恒温，相对湿度和光照度不变，经热处理 3 周后，取新枝的茎尖，接种于 MS 另加苄氨基腺嘌呤 0.5 毫克/升、吲哚丁酸 0.1 毫克/升的培养基上培养。然后将其置于温度为 25℃左右，光照度为 2000 勒克斯的培养室中培养分化苗。当分化苗长至 1.5 厘米以上时，可转入 1/2MS 另加吲哚丁酸 1.5 毫克/升的生根培养基上进行生根培养，同样置于培养室中培养生根苗。当生根苗根长达 3 厘米以上时可取出进行温室移栽。移栽成活苗长至 30 厘米以上且半木质化以后则可采用双重芽接法进行病毒检测。对在检测中无症状反应的植株再重复检测 1 次，仍无症状表现的可确定为无病毒原种母树。

2）采集无病毒原种母树上的接芽，嫁接于实生砧木或经脱病毒处理的营养系砧木上繁育无病毒李生产用苗。

（四）分株苗的培育

李子根际容易发生萌蘖，可分株成新苗。以根蘖为砧木的李子苗前期生长缓慢，但长势比较一致。另外，根蘖苗根系较浅，不抗旱，结果迟，树冠小，所以此法在南方一些地方常用，北方一般不用。

三、苗木出圃

李子苗出圃是李子育苗工作中的最后一个环节，出圃前的准备工作主要包括对李子苗品种和各级李子苗数量进行核对与调查，制定李子苗出圃操作规程，并及时分级、包装、运输等。不能马上出圃的要确定临时假植和越冬的场所，做好出圃的准备。

1. 起苗

一般春季嫁接、当年剪砧、当年成苗的李子苗在嫁接的当年秋季李子落叶后（图 5-11）或第 2 年春季萌芽前起苗出圃，而未剪砧的半成品苗（芽苗）或成品苗（2 年生苗）则要在第 2 年秋季或第 3 年春季起苗出圃。

芽接苗开始落叶　　　　芽接苗落叶后

图 5-11　可起苗的李子芽接苗

起苗方法及注意事项：起苗前，如果土壤干旱，可提前灌水 1 次，这样不仅省工省力，而且不易伤根。起苗时应注意保护接芽（半成品苗）或接口部，以免擦伤接芽或自接口处劈裂；尽量少伤根，保留较多的须根，以利于栽植成活。如果在秋季起苗，应及时定植或进行假植，以利于李子苗安全越冬。远销外地的李子苗以秋季起苗为宜，以免因运输影响栽植。春季起苗宜早，应在苗木开始萌动前进行，在不使其受冻的前提下，以休眠期掘苗最为适宜。春季起苗可省去假植的工序。

2. 苗木假植

苗木假植应选择背风、平坦、排水良好、土质疏松的地块，北方地区挖沟假植，沟宽 1 米，沟深度依苗木高矮而定，长度依苗木多少而定。假植时，将分级、挂牌的苗木向南倾斜置于沟中，分层排列，苗木间填入疏松湿土，使土壤与根系密接，最后覆土厚度可超过苗高的 1/2~2/3，并高出地面 15~20 厘米，以利于排水。北部寒冷地区覆土宜厚，严冬时还可以盖草，使沟内温度保持在 0~7℃，相对湿度保持在 10%~20%。第 2 年早春应及时检查，土壤干燥时要适当浇水。利用菜窖贮藏苗木时，根部覆盖沙土即可。

3. 苗木分级标准

李子苗的分级标准主要根据苗木的形态指标和生理指标 2 个方面制定。形态指标包括苗木高度、地径（苗木粗度）、根系状况（如根系长度、根幅和侧根数量）等，生理指标主要是苗木色泽、木质化程度等。1~2 年生李子苗分级标准见表 5-4、表 5-5。

表 5-4　1 年生李子苗分级标准

项目		等级	
		一级	二级
基本要求		品种纯正，无徒长现象，无机械损伤，无检疫对象，根茎无干缩皱皮和新损伤，老损伤面积 ≤ 1.0 厘米^2，根系发达，无根癌病，砧桩剪除，嫁接愈合良好	
根	侧根数量（条）	≥ 4	≥ 3
	侧根基部粗度 / 厘米	≥ 0.5	≥ 0.4
	侧根长度 / 厘米	≥ 15	≥ 15
	主根长度 / 厘米	≥ 20	≥ 20
	根系分布	分布均匀，舒展，不卷曲，无根癌病和根结线虫病	
茎	砧段长度 / 厘米	5~10	
	苗木高度 / 厘米	≥ 100	≥ 80
	苗木粗度 / 厘米	≥ 0.8	≥ 0.6
	倾斜度（度）	≤ 10	
芽	整形带内饱满芽数（个）	≥ 6	≥ 5

表 5-5　2 年生李子苗分级标准

项目		等级	
		一级	二级
基本要求		品种纯正，无徒长现象，无机械损伤，无检疫对象，根茎无干缩皱皮和新损伤，老损伤面积 ≤ 1.0 厘米^2，根系发达，无根癌，砧桩剪除，嫁接愈合良好	
根	侧根数量（条）	≥ 5	≥ 4
	侧根基部粗度 / 厘米	≥ 0.5	≥ 0.4
	侧根长度 / 厘米	≥ 15	≥ 15
	主根长度 / 厘米	≥ 20	≥ 20
	根系分布	分布均匀，舒展，不卷曲，无根癌病和根结线虫病	
茎	砧段长度 / 厘米	5~10	
	苗木高度 / 厘米	≥ 120	≥ 100
	苗木粗度 / 厘米	≥ 1.0	≥ 0.8
	倾斜度（度）	≤ 10	
芽	整形带内饱满芽数（个）	≥ 8	≥ 6

　　苗木的分级工作应在背阴避风处进行或在搭设的遮阴棚下进行，并做到随起苗、随分级、随假植，以防风吹日晒或根系损伤。在分级过程中可将带病虫或受伤的枝梢、不充实的秋梢，以及带有病虫、过长、畸形的根系剪除，要求剪口平滑，剪除部分不宜过多，以免影响苗木质量和栽植成活率。同时，注意剔除不合格的苗木，这些苗木有的可以继续留在苗圃培育，应对质量太差的不合格苗木加以淘汰。

4. 苗木检疫与消毒

　　为了防止危险性病虫害随着苗木调运传播蔓延，将病虫害限制在最小范围内，对输出输入苗木的检疫工作十分必要。尤其我国加入 WTO 后，国际和国内种苗交换日益频繁，因而病虫害传播的危险性也越来越大，所以在苗木出圃前要做好出圃苗木的病虫害检疫工作。苗木外运进行国际交换时，需专门检疫机关检验，取得检疫证明，才能承运或寄送，带有检疫病虫害的苗木，一般不能出圃，病虫害严重的苗木应销毁。即使对属于非检疫对象的病虫害也应防止其传播。因此，苗木出圃前，需进行严格消毒，以控制病虫害的蔓延传播。常用的苗木消毒方法如下：

　　1）石硫合剂消毒（最常用）。用 4~5 波美度的石硫合剂溶液浸苗木 10~20 分钟，再用清水冲洗根部 1 次。

　　2）升汞消毒。用0.1%升汞溶液浸苗木20分钟，再用清水冲洗1~2次。在升汞溶液中加入醋酸、盐酸，杀菌的效力更大，同时加酸可以减低升汞在每次浸泡中的消耗。

3）硫酸铜消毒。用 0.1%~1.0% 硫酸铜溶液处理苗木 5 分钟，然后再将其浸在清水中洗净。这种方法主要用于休眠期苗木根系的消毒，不宜用作全株苗木消毒。

注　意

在李属植物上要慎重应用波尔多液消毒，尤其是早春萌芽季节更应慎重，以防药害。

5. 苗木包装与运输

苗木消毒后，就近秋植的可随即定植于果园，第2年春季就近栽植的要尽快假植贮藏，对外销苗应及时包装调运。对要远途运输的苗木，起苗后应将苗木捆扎结实，一般根部、中部和梢部各扎2圈即可，然后将根部蘸上泥浆，用包装材料包裹。包装材料可以就地取材，一般以廉价、轻质、坚韧、保湿者为宜，如草袋、蒲包等。在运输途中，为保持根系湿润，防止干枯，应用苫布遮盖，包装内还可以用湿润的苔藓、木屑、稻壳或碎稻草等材料作为填充物，如果中途缺水，还应及时喷水保湿。包装可按品种和苗木的大小，每50~100株为1捆，挂好标牌，注明产地、品种、数量和等级。冬季调运苗木时，还要做防寒保温的工作。

第六章　杏苗木生产技术

按照培育方式的不同，杏苗培育可以分为图6-1所示几种类型。

图6-1　杏苗培育类型

一、苗圃地的选择

　　杏树适应性极强，对土壤的要求不严，无论是平原、山地、丘陵、沙荒地、旱地、盐碱地都能生长结实，而且结果较早，寿命较长。山顶、风口、山谷及地势低洼容易积水的地方、易聚集冷空气形成霜眼的低洼地不能作为苗圃，尤其以不耐涝的山桃、榆叶梅、毛樱桃等作为砧木时，要特别注意苗圃的排水性。

　　苗圃地选结构疏松、透气性良好的砂壤土为好，以利于土壤微生物活动及有机肥分解。如当地土壤为黏重土、砂土和盐碱地，可通过掺沙、掺土，施用大量有机肥如堆肥、厩肥、绿肥、泥炭、腐殖质、人粪尿、家禽粪、豆饼等进行土壤改良。要求苗圃土层深厚（40~50厘米），酸碱度适中。

> **注 意**
>
> 长期种植玉米、烟草、马铃薯、蔬菜等的退耕地因病虫害较严重不宜作为苗圃用地，种过杏苗的土地也不宜作为杏苗圃。

二、杏嫁接苗的培育

（一）砧木的培育

（1）砧木的选择 杏的砧木种类及特性见表 6-1。

表 6-1 杏的砧木种类及特性

砧木种类	砧木名称	特性
本砧（共砧）	普通杏	嫁接亲和力强，适应性广
	辽杏	可提高品种的抗寒力
	西伯利亚杏	可提高抗旱和抗寒力，并有矮化现象
	藏杏	抗旱力强，但抗寒力不如西伯利亚杏
异砧	梅	亲和力弱，嫁接成活率低，耐寒力差
	李	有轻度矮化作用，但萌蘖过多
	扁桃	亲和力弱，愈合不好，进入盛果期的植株接口部位易分离，果肉中纤维过多
	山桃	有轻度矮化作用，并对盐碱土和干旱的抵抗力较强

（2）砧木种子的采集与处理

①种子的采集。无论选用"本砧"还是"异砧"，都要求品种纯正或类型一致。作为采种用的母本树要求生长健壮、丰产稳产、无病虫害。所采种子必须充分成熟，种仁饱满。山杏采收期一般在 6 月下旬~7 月中旬，山桃采收期在 7~8 月，毛桃采收期在 8 月。

果实采收后放入缸内或堆积起来促使果肉软化。堆积期间要经常翻动，以防温度过高使种子失去活力。果肉软化后揉碎，

图 6-2 杏种子

将果肉、杂质等用水淘洗干净。然后取出种子，摊放在阴凉通风处晾干。晾干后，贮藏在冷凉干燥的库房内（图 6-2）。

②种子的处理。砧木种子的层积处理一般采用沟藏法。层积沟要挖在干燥、不易积水的背阴处，以东西向为好，深、宽各 30~45 厘米，长度依种子的数量而定。沟挖好后，先在沟底铺一层 6~7 厘米厚的湿沙，沙的湿度以手捏成团，但不滴水为度。然后将种子用 3~5 倍量的湿沙混合拌匀，平铺于沟内，要低于沟面 10~20 厘米，沟口再加铺一层厚 30~50 厘米的土层，要求高出地面，以防雨水、雪水流入，同时还要预防鼠害。层积量大时最好在沟内插入树枝或秸秆束以利于通气，层积温度维持在 1~5℃，层积时间：山杏为 45~100 天，毛桃、山桃为 80 天左右。

（3）播种时期及方法 播种有秋播和春播。秋播在 10 月下旬~11 月上旬，即土壤上冻前

进行。在土质较好、湿度适宜、冬季不太寒冷的地区，可进行秋播；在秋冬季风沙大、严寒、干旱或土壤黏重的地区，宜进行春播。北方地区一般在 3 月中下旬 ~4 月上中旬播种。播种前要做好准备工作（图 6-3），即从层积处理的砧木种子中挑选种仁，进行早春整地，然后灌水，等水渗入地下后，不湿但也不干时，进行播种。

挑选种仁

播种前整地

播种前灌水

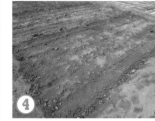

播种前灌水后

图 6-3　播种前的准备工作

播种时多采用单行或宽窄行条播。单行行距为 50~60 厘米；宽窄行的宽行为 50~60 厘米，窄行为 25~30 厘米，开沟深度为 5~6 厘米，播种后覆土 5 厘米厚。

（4）砧木苗管理

①间苗、补苗与中耕除草。间苗工作应早疏早定，此时幼苗扎根浅（图 6-4），容易拔除，还可以减少被间苗木对土壤水分和养分的消耗，改善幼苗生长条件。苗高 10 厘米时可间苗 1 次，间除病弱苗，每亩留 8000~10000 株，尽量一次定苗，间苗后浇水，采用苗床集中育苗的，在幼苗长出 1~2 片真叶时即可定植于圃地。定苗时，以 10~20 厘米的株距定苗。定苗时的保留株数应稍大于产苗量。

图 6-4　山杏幼苗

②灌水。在长出真叶前，切忌漫灌，只要保持稳定的湿度就行。在幼苗生长初期，表土必须经常保持湿润，适当增加灌溉量，减少灌溉次数。在幼苗长出 5~7 片真叶时，要控制灌水，进行蹲苗。在苗木快速生长期，采用少次多量、一次灌透的方法。到了苗木生长后期应停止灌溉，防止其贪青徒长，促进苗木充分木质化。灌溉时间尽量选在早晨、傍晚、夜间。进入雨季后，还应注意排水防涝。

③施肥。砧木苗的前期管理极为重要，出苗后应及时浇水，结合浇水每亩施尿素 20 千克。砧木苗长到 5~8 厘米时用 0.5% 磷酸二氢钾和 0.2% 尿素进行叶面喷雾 6 次，根外追肥 2~3 次，每次相隔 20 天左右。

注　意

如果苗圃地的土壤偏碱性，要使用酸性肥料，选用铵态氮肥如硫酸铵或氯化铵效果较好；在碱性土壤中，磷容易被固定，不易被苗木吸收，选用水溶性磷肥如过磷酸钙和磷酸铵效果较好；碱性土壤中的钾、钙和镁等元素易流失，所以应使用钙镁磷肥和磷矿粉等磷肥，以及草木灰、可溶性钾盐或石灰等。如果苗圃地偏酸性，应使用碱性肥料，选用硝态氮肥较好。

无论何时播种，苗圃地均应选择土层肥厚、不积水但有灌水条件的地块，并应事先耕翻30~40厘米深，施足底肥，每亩施粪肥5000千克。

④摘心、抹芽及副梢处理。摘心能促使幼苗加粗生长和提前嫁接。一般在夏季，芽接前1个月、苗高30~40厘米而植株旺盛生长还没有结束时进行摘心。砧木苗抹芽是指及早抹除苗干基部5~10厘米以内萌发的幼芽。应全部保留嫁接部位以上的副梢，以增加叶面积，促进苗木加粗生长。副梢过多过密时，可以少量间除，但要保留基部的功能叶。

提　示　摘心、抹芽和副梢等处理措施能提高当年砧木的嫁接率和苗木质量。

⑤病虫害防治。春季幼苗容易发生立枯病和猝倒病，尤其是在低温高湿的情况下会造成大量的死苗。因此，在幼苗出土后，应在地面撒药粉或喷雾进行土壤消毒，施药后进行浅锄。若出现病株，要及时拔除，并在苗垄两侧开浅沟，用硫酸亚铁200倍液或65%代森锰锌可湿性粉剂500倍液灌根。

（二）嫁接

（1）接穗的选择、采集和贮藏　采集接穗的母株，必须是品种纯正、生长健壮、丰产、稳产、优质、无检疫病虫害的成年植株。接穗应选用树冠外围生长健壮、芽体饱满的1年生或当年生发育枝（图6-5）。枝接时选用发育充实的1年生枝，取其中段作为接穗；芽接时，若在晚春或初夏进行，则选用1年生枝上未萌发的芽，若在夏、秋季进行，则选用当年生新梢。接穗采下后，立即将叶片剪除，留1厘米长的叶柄，便于芽接时进行操作和检查成活情况。每50~100根接穗为1捆，注明品种和采集日期。若马上嫁接，可用湿布包裹或将接穗下端浸入清水中。若需贮藏，应放在潮湿、冷凉、温度变化小且通气的地方或窖内，将接穗下部插入湿沙中，上部盖上湿布，定期喷水，保持湿润。若第2年春季进行枝接，可放入窖内和沟内，一层湿沙一层接穗进行贮藏。若要长途运输，应用湿蒲包装运，途中要注意喷水和通风，防止干枯或霉烂。接穗运到后，应立即取出，用冷水冲洗，然后用湿沙覆盖存放于背阴处或窖内待用。

在杏休眠期采集接穗　　　　　　　　　　　　在杏生长季采集接穗

图 6-5　杏的接穗采集

（2）嫁接时期　枝接一般在 3 月上旬 ~4 月上旬，即树液开始流动时进行。芽接一般在 7 月 ~9 月上旬进行，具体时间应以砧木的粗细、接芽的发育情况和嫁接工作量而定，宜早不宜晚。

（3）嫁接方法

1）芽接法。常用的有以下 2 种。

①"T"形芽接。

a. 削接芽。在芽的上方约 0.5 厘米处横切一刀，深达木质部，然后在芽的下方 1 厘米处向上推刀，由浅而深削至横口，取下芽片，整个芽片取下后呈盾形。

b. 削切砧木接口。在砧木基部距地面 5 厘米处的平滑部位横切一刀，在其横切口下方中间位置用刀尖划 1 个小口。随即将芽片插入切口，并顺势下推，使砧木竖切口自行下裂，至接芽与切口吻合为止。最后用塑料条扎紧扎严，但叶柄芽眼要外露。

②带木质部芽接。在春季、夏季、秋季的整个生长季均可进行。冬季采集好接穗后保存在菜窖内，嫁接时随用随拿，从春季杏树开始离皮到夏季均可进行带木质部芽接。嫁接时把砧木的树头或枝头截去，之后从母株上剪取当年新梢，选取较饱满的芽进行嵌芽接，紧接着剪砧。5~6 月嫁接的苗木，当年的新梢长度可达 60 厘米以上。

2）枝接法。常用的有以下 5 种。

①切腹接。切腹接是目前最常用的枝接法，包括 4 步，见图 6-6。

②切接。接穗长 5~8 厘米，具有 1~2 个芽并削成 2 个切面，长削面在顶芽的同侧，长 3 厘米左右，在长削面的对侧削 1 个短面，长 1 厘米以内；在砧木近地面处选平滑处剪断砧干，削平断面，于木质部的边缘向下直切，切口的长与宽和接穗的长度相对应。将接穗插入切口，并使形成层对齐，将砧木切口的皮层包于接穗外面加以绑缚并埋土。插接穗时，将接穗顶端剪口包扎，或用接蜡封闭，减少水分蒸发，以利于成活。

③劈接。一般适用于较粗的砧木。接穗保留 2~4 个芽，在芽的左右两侧各削长约 3 厘米的

第1步削接穗：在接穗枝条上选留1~3个饱满芽，用劈接刀的大刃将其两面削成长2~3厘米的斜面（劈接刀刃必须锋利）。接穗削成后，有芽的一侧稍厚，无芽的一侧稍薄。

第2步切砧木：将砧木在距地5~8厘米处平茬，在剪口的上端平茬处的一侧斜切一剪，在另一侧用修枝剪斜剪1个长2~3厘米的切口。

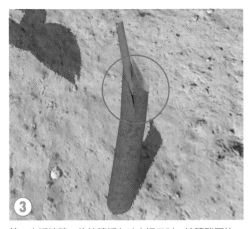

第3步插接穗：将接穗插入砧木切口时，接穗稍厚的一侧（着生芽眼的一侧）向外，稍薄的一侧（无芽眼的一侧）向内，使砧木与接穗的形成层对齐，要求一次成功，不能反复拔、插，以免形成层薄壁细胞被破坏。

第4步绑缚（图6-15）：绑缚要严密、不透水、不透气。

图 6-6 切腹接

楔形削面，使上端有顶芽的一侧较厚，另一侧较薄。剪去砧木上部，削平断面，于断面中心处垂直下劈，深度与接穗削面相同，将削好的接穗的厚面朝外插入砧木的劈口中，使接穗削面的形成层与砧木一侧的形成层对齐。接穗削面上端应高出砧木口 0.1 厘米。最后用塑料条绑缚。

④舌接。舌接的操作步骤见图 6-7。

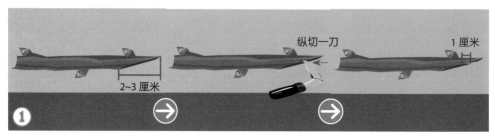

第1步削接穗：先在接穗下端削1个2~3厘米的斜面，然后在削面上端1/3处顺着枝条纵切1刀，长约1厘米，呈舌状。

第 2 步切砧木：将砧木在嫁接部位剪断，先削 1 个 2~3 厘米长的斜面，从削面上端 1/3 处顺砧木纵切，切出 1 个 1 厘米长的切口。

第 3 步插接穗：接穗与砧木斜面相对，把接穗切口插入砧木切口中，使接穗和砧木的舌状部位交叉嵌合，并对准形成层。

第 4 步绑缚：用塑料条绑紧包严。

图 6-7　舌接

⑤皮下接。常用于高接换种和老树烂头更新。嫁接时选一段带有 2~4 个芽的接穗，于顶芽同侧削 1 个长 2~3 厘米的马耳形长削面，再在长削面的背面下端削去 0.2~0.3 厘米的皮层。砧木可截头也可不截头。在砧木上切 1 个"T"形口，插入接穗。接好后用塑料条绑缚。

（4）嫁接苗的管理

①检查成活情况、解除绑缚物和补接。芽接苗在接后 10~15 天，枝接苗在接后 30~35 天即可检查成活情况。接芽及芽片呈新鲜状态、有光泽，叶柄一触即落即为成活；反之则表示未成活。对未成活的苗木应及时进行补接，以提高出苗率。检查时若发现绑缚物过紧应及时松绑或解除绑缚物，以免影响苗木加粗生长或因绑缚物陷入皮层而折断。

②培土防寒。在寒冷地区，冬季为防止接芽受冻，在土壤结冻前应对接芽培土以防寒。培土以超过接芽 6~10 厘米为宜。第 2 年春季解冻后要及时扒去所培土壤。

③剪砧。越冬后对已成活的芽苗，将接芽以上的砧木部分在萌发前剪除，以集中养分供给接芽生长。剪砧时刀刃应迎向接芽一面，在接芽片上方 0.3~0.5 厘米处下剪，剪口向接芽背面微向下斜，有利于剪口愈合和接芽萌发生长。

④抹芽、除萌、设支柱。剪砧或枝接后，砧干会出现萌蘖，生长强旺，应及时抹除萌蘖（图 6-8），以减少营养消耗，促进接穗生长。嫁接成活后的新梢生长快而旺盛，极易被风刮折或受到机械损伤，因此当新梢生长到 30 厘米左右时应及时设立支柱。

⑤土、肥、水管理。在杏苗生长前期，应使其加速生长，扩大根系，增大枝叶量。生长后期应注意控制肥水，防止旺长，促进枝干木质化，组织充实（图 6-9），以保证安全越冬和为以后的生长发育奠定基础，施肥后灌水，灌水后松土。同时，应注意防治苗期病虫害。

图 6-8　杏切腹接除萌

图 6-9　杏嫁接苗生长后期状态

⑥圃内整形。生长旺盛的杏树苗木，可利用其芽的早熟性，在 5~6 月苗木生长到定高后进行摘心，萌发的二次枝可选留作为第 1 层骨干枝。对苗木的主干摘心可采用二次摘心法，即先在整形带以上几厘米处进行第 1 次摘心，当发出的副梢长到 3~5 厘米时，再摘去多留出的几厘米，这样可以大大削弱其顶端优势，促进整形带内的芽萌发，多形成几个副梢。

三、苗木出圃

1. 做好苗木出圃前的准备工作

①苗木统计调查。对苗木的类型、品种及各级苗木的数量和质量进行核对、调查和统计。准备好包装、起苗、消毒等所用的工具、用品和农药等。

②制订出圃计划与操作规程。根据用户要求制订好出圃计划与操作规程，并与工作人员及时联系，快速装运，以保证苗木成活率。

2. 确定起苗时间和方法

①起苗时间。一般在秋季落叶后至春季萌芽前的休眠期内进行起苗。秋季起苗多在苗木新梢停止生长并已木质化、顶芽已形成并开始落叶时进行。春季起苗一般在土壤解冻后至萌芽前进行。春季挖苗可减少假植工序，挖后立即栽植，成活率高。

②起苗方法。起苗时要注意保护根系，若土壤过于干燥，应在起苗前 3~4 天充分灌水，水下渗后开挖，挖出的苗木要避免风吹日晒和冻害（图 6-10）。起苗后若不能及时运走，则进行假植（图 6-11）。

3. 出圃规格及分级

出圃苗木要求品种纯正，砧木类型正确，根系发达，

图 6-10　杏苗

图 6-11　杏苗捆绑和假植

茎干粗壮，并达到一定高度，芽体饱满，嫁接部位愈合良好，无严重病虫害。具体要求如下。

①根系发达。出圃杏苗应有较粗的主、侧根 3~4 条，并生长良好、分布均匀，长度在 15 厘米以上，并有较多的须根。

②茎干粗壮。成苗茎干组织充实，皮色深而光亮，皮孔明显，节间均匀。苗高不低于 65 厘米，接口以上 10 厘米处的粗度应在 1 厘米以上。

③芽体饱满。茎干上的侧芽要大而饱满，发育充实。芽大而饱满的，体内积累物质多，定

植后萌发早、生长快。

④接口愈合好。嫁接部位完全愈合。

苗木出圃后应进行分级，具体见表6-2和表6-3

表6-2　杏"三当苗"分级标准

项目		级别	
		一级	二级
基本要求		品种纯正，无机械损伤，无检疫对象，根茎无干缩皱皮和新损伤，老损伤面积在1厘米²以下，无根瘤病，砧桩剪除，嫁接愈合良好	
根	侧根数量（条）	≥5	≥3
	侧根基部粗度/厘米	≥0.4	≥0.3
	侧根长度/厘米	≥20	≥15
	主根长度/厘米	≥20	
	侧根分布	分布均匀，不偏于一方，舒展，不卷曲	
茎	砧段长度/厘米	5~10	
	苗木高度/厘米	≥80	≥60
	苗木粗度/厘米	≥0.8	≥0.6
	倾斜度（度）	≤10	
芽	整形带内饱满芽数（个）	≥6	≥5

注："三当苗"是指当年播种、当年嫁接、当年出圃的苗木。

表6-3　杏2年生苗质量要求

项目		级别	
		一级	二级
基本要求		品种纯正，无机械损伤，无检疫对象，根茎无干缩皱皮和新损伤，老损伤面积在1厘米²以下，无根瘤病，砧桩剪除，嫁接愈合良好	
根	侧根数量（条）	≥5	≥4
	侧根基部粗度/厘米	≥0.5	≥0.4
	侧根长度/厘米	≥20	≥15
	主根长度/厘米	≥20	
	侧根分布	分布均匀，不偏于一方，舒展，不卷曲	
茎	砧段长度/厘米	5~10	
	苗木高度/厘米	≥120	≥80
	苗木粗度/厘米	≥1.0	≥0.8
	倾斜度（度）	≤10	
芽	整形带内饱满芽数（个）	≥8	≥6

4. 苗木的检疫、消毒、包装和运输

为了防止病虫传播，运往外地的苗木必须经过当地检疫部门严格检疫，并获得检疫许可证后方可运出。对感染一般病害的苗木要进行消毒。主要消毒方法如下。

①石硫合剂消毒。用 3~5 波美度的石硫合剂溶液浸泡苗木 10~20 分钟，再用清水洗净。

②波尔多液消毒。用硫酸铜、生石灰和水的比例为 1∶1∶100 的药液浸泡苗木根系 10~20 分钟，再用清水冲洗根部。

③升汞消毒。苗木量少时，可用 0.1% 升汞浸泡 20 分钟，再用清水冲洗净。

苗木在检疫消毒后，需外运时应立即用稻草包、蒲包等包装。包装后将苗木浸水，使苗木及包装材料充分吸水，以防运输途中苗木失水干枯，不利于成活。包装捆上一定要有品种、数量、规格、挖苗日期等标签，防止混杂。

5. 苗木假植

苗木不能及时栽植或外运时，应进行假植贮藏，使苗木安全越冬。假植时，要选择避风、地势平坦、不易积水的地方，按南北方向开沟，也可在苗圃内就地开沟，沟深 50 厘米、宽 1 米，长度依苗木多少而定。假植时将苗木分层斜放于沟内，根部盖湿的细沙土，以防其漏风抽条。严寒时再用秸秆、稻草等在沟顶覆 6~7 厘米厚作为篷盖，并保留气孔。沟面应覆土高出地面 10~15 厘米，整平以利于排水。

第七章　樱桃苗木生产技术

按照培育方式的不同，樱桃苗培育可以分为图 7-1 所示几种类型。

图 7-1　樱桃苗培育类型

一、苗圃地的选择

　　樱桃为喜光树种，应选择日照良好、背风向阳、稍有坡度（小于或等于 5 度）的地块建圃。这种地形有利于排水，秋季苗木能及时停长，增加枝条的成熟度，也有利于苗木安全越冬。苗圃地的地下水位宜在 1~1.5 米或以下，且 1 年中水位升降变化不大。樱桃苗忌用重茬地，种过樱桃、桃和杏等核果类的地块不宜繁殖樱桃苗，以免传染根癌病；菜地也不宜利用，因其病菌多，苗木易感染土传病。另外，灌溉用水也不要经过有根癌病的土壤，以免带来病菌而引起根癌病。苗圃地的土壤 pH 应为 5.6~7，以砂质土壤最适宜。圃地必须有充足水源。樱桃对水质的要求比其他树种严格，不能用影响苗木生长的污水灌溉。

二、樱桃嫁接苗的培育

（一）砧木的种类

　　我国目前生产上应用的樱桃矮化砧木主要是吉塞拉 5 号和吉塞拉 6 号，乔化砧木是考特、山樱桃、大青叶、马扎德和马哈利，见表 7-1。

表 7-1　樱桃的砧木种类及特性

砧木种类	特性
吉塞拉5号	德国育成的甜樱桃矮化砧木，最早由山东省果树研究所引入，嫁接在吉塞拉5号上的甜樱桃品种树体大小仅为用标准乔化砧木马扎德作为砧木的30%左右。与甜樱桃嫁接亲和力强，土壤适应性强，耐黏土，根系发达。用吉塞拉5号作为砧木的樱桃树结果极早，一般植后3年结果，5年即可丰产。耐李矮缩病毒（PDV）和李属坏死环斑病毒（PNRSV），中等耐涝，不耐旱，抗寒性好，不耐贫瘠土壤。栽培密度为每亩80~130株，行株距为（3~4）米×2米。宜在肥沃土地栽培或采用设施栽培
吉塞拉6号	德国育成的甜樱桃矮化砧木，由山东省果树研究所引入。用其作为砧木的樱桃树体大小相当于用马扎德作为砧木的60%，比用吉塞拉5号作为砧木的树体长势旺。与甜樱桃嫁接亲和力强，土壤适应性强，耐黏土，根系发达。结果早，一般植后3年结果，5年丰产。抗李矮缩病毒和李属坏死环斑病毒，中等耐涝，抗旱性优于吉塞拉5号，抗寒性好，不耐瘠薄土壤。栽培密度为每亩60~100株，一般行株距为（2.5~4）米×2米。适宜在土壤肥沃的土地栽培或采用设施栽培
考特	由英国东茂林试验站育成，1985年开始在我国用作甜樱桃砧木。与甜樱桃嫁接后树体大小为用马扎德作为砧木的70%左右。与甜樱桃砧木嫁接亲和力强，嫁接部位无"小脚"现象，幼龄树长势强，7年后长势减弱，树冠紧凑，花芽分化早，丰产。不耐旱，春季易受晚霜危害，在山区应用较多，易患樱桃根癌病。每亩栽植50~70株，行株距为（4~4.5米）×3米
山樱桃	又名东北黑山樱，也叫本溪山樱，由辽宁省农业科学院园艺研究所和本溪果农从辽东山区野生资源中选出。与甜樱桃嫁接亲和力强，抗寒力强，缺点是耐涝性差。可用种子繁殖，成苗率高。但不同种类的山樱桃抗病力差异较大，应注意区分。用这种砧木嫁接的樱桃树，每亩栽植55~70株，行株距为4米×（2.5~3）米
大青叶	山东省烟台市从中国樱桃中选出的一个甜樱桃乔化砧木品种，树体比马哈利小。与甜樱桃嫁接亲和力强，须根较发达，适应性较强。根系分布浅，遇大风易倒伏。抗旱性一般，不耐涝。适宜在砂壤土或砾壤土中生长，在黏重土壤中易患流胶病。用大青叶作为砧木嫁接的甜樱桃树，每亩栽植55~66株，行株距为4米×（2.5~3）米
马扎德	属甜樱桃野生种，树势强，树体高大，寿命长。与甜樱桃嫁接亲和力强，是深根性砧木，固地性强，耐高温，抗寒。嫁接甜樱桃产量高，缺点是进入盛果期晚，对细菌性溃疡病、樱桃根瘤病和樱桃褐腐病敏感。适宜露地栽培，这种砧木的嫁接树每亩栽植55~66株，行株距为4米×3米
马哈利	与马扎德相似，与甜樱桃嫁接亲和力强。根系发达，抗寒抗旱，耐瘠薄，固地性好。种子易处理，发芽率高，多采用实生播种繁殖。对细菌性溃疡病和根瘤病的敏感程度较马扎德轻，易患褐腐病。适宜露地栽培，嫁接树每亩栽植55~66株，行株距为4米×3米

（二）砧木的培育

目前培育樱桃砧木苗主要采用种子繁殖、组织培养繁殖、压条繁殖和扦插繁殖法，具体应用时要根据砧木特性确定。

（1）种子繁殖　山樱桃（图7-2）、马扎德和马哈利（图7-3）等乔化砧木宜采用种子繁殖。从生长健壮、无病虫害的母树上采集成熟的种子，放在水中搓去果肉，去掉漂浮的瘪种，将沉在水底的成熟种子捞出，在阴凉通风处沥干后立即进行层积处理。第2年3~4月气温回升后及时取出层积后的种子，并进行室内催芽处理，室温保持在20~25℃，多数种子胚根露白后即可进行田间播种。砧木苗出齐后，及时松土并疏除过密过弱的苗，株距为 3~5 厘米。在砧木苗出土至嫩茎木质化前应控制灌水，适当蹲苗。砧木苗长出 4~5 片真叶后开始灌水。每次灌水或降雨后要进行中耕保墒。当幼苗嫩茎木质化后，每月追施 1 次速效性氮肥。砧木苗进入缓慢生长期后，要注意控制肥水，使其及时停止生长，增强越冬及抗寒能力。晚秋落叶后移栽砧木苗，注意砧木苗要分级后再移栽。在移栽前定干，大苗的定干高度为 20 厘米，幼苗为 10 厘米，同时剪去部分主根。移栽的圃地应提前深翻施足基肥。移栽行株距为 50 厘米 ×20 厘米，移栽覆土厚度为 5~10 厘米。覆土后要灌透水，防止越冬期间抽干。第 2 年春季土壤解冻时灌 1 次解冻水，这次水要灌透。砧木苗生长期间要松土保墒、适时追肥，及时摘心，及时防治蚜虫和食叶害虫，保证砧木苗健壮生长。8 月底 ~9 月上中旬即可进行嫁接。

图 7-2　山樱桃果实

图 7-3　马哈利种子

（2）组织培养繁殖　吉塞拉系列樱桃砧木为三倍体杂种，不能用种子繁殖，一般采用茎尖组织培养的方式繁殖（图 7-4、图 7-5）。这种繁殖方式不仅繁殖率高，而且能脱毒，培育无病毒苗木。

图 7-4　吉塞拉 6 号组培驯化幼苗

图 7-5　吉塞拉 6 号组培驯化大苗

（3）压条繁殖　大青叶和考特等樱桃砧木苗主要采用压条法繁殖。把未脱离母体的枝条埋入土中，待枝条生根后切离母体，成为独立的植株。受母株的限制，这种方法繁育系数较低，随着组织培养繁殖法的普及和扦插繁殖法的发展，压条法已经很少采用。

（4）扦插繁殖　近年来，山东省果树研究所通过不断探索，在吉塞拉系列砧木扦插繁殖方面取得了重大突破，建立了吉塞拉系列砧木的扦插育苗技术体系，嫩枝扦插生根率达到95%以上，硬枝扦插生根率也超过了90%。

①嫩枝扦插。需在具有人工弥雾装置的扦插棚内进行（图7-6）。插穗采自母本园生长健壮的半木质化新梢。插穗长8~12厘米，留2~3个芽，保留上部2~3片叶，下端剪成斜面。

① 按行株距为（5~10）厘米 × 2.5厘米，扦插于苗床内。苗床基质可用蛭石、细沙，或3份细沙与1份泥炭混合。

嫩枝扦插弥雾装置

② 扦插后，立即进行人工弥雾作业，棚内湿度控制在80%~95%。

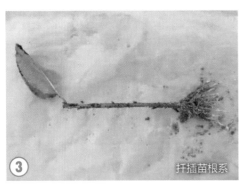

③ 扦插苗根系

先适当遮阴，后逐渐加光，在4~6周后生根，然后即可移栽。

④ 扦插苗

嫩枝扦插可与嫁接剪砧配合施行，提高繁殖系数。秋季落叶后可起出扦插苗。

图7-6　吉塞拉6号嫩枝扦插

②硬枝扦插。从母本园中采集1年生成熟枝条，剪成15~20厘米的枝段，上端剪平，下端剪成斜面，用0.5克/升的吲哚丁酸浸泡30秒，然后直立插入装有湿沙的育苗盘中，扦插深度为3~5厘米。把育苗盘置于大棚内，用自动弥雾设施进行加湿，湿度控制在60%~80%。扦插

期间每周进行 1 次杀菌剂处理，防止病害，棚内温度保持在 10~20℃，促使插穗基部形成愈伤组织，逐渐形成不定根。

（三）嫁接

1. 嫁接方法

（1）芽接　樱桃常采用带木质部芽接法嫁接，一般用嵌芽接。嵌芽接的操作要点如下：

1）削芽片（图 7-7）。在接穗上选饱满芽，从芽上方 1~1.2 厘米处向下斜削入木质

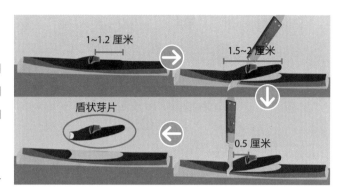

图 7-7　削芽片

部（略带木质部不宜过厚），长 1.5~2 厘米，然后在芽下方 0.5 厘米处斜切（与接穗成 30 度角）到第一道刀口底部，取下带木质部的盾状芽片。

2）切砧木（图 7-8）。在砧木离地面 5 厘米处选光滑部位，先斜切一刀，再在其上方 2 厘米处由上向下斜削入木质部，至下切口处相遇。砧木削面可比接芽稍长，但宽度应保持一致。

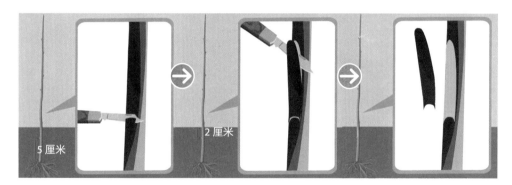

图 7-8　切砧木

3）插接穗与绑缚（图 7-9）。将接芽嵌入，如果砧木粗而削面宽时，可将一边形成层对齐，然后用塑料条由下往上压茬缠绑到接口上方，绑紧包严。春季和秋季嫁接成活率较高。春季嫁接应在树液流动后至接穗萌芽前进行，冬季或早春采好接穗，贮藏在 1~5℃的环境中，用湿沙或者塑料薄膜保湿，4 月中旬嫁接，当年可成苗。如果在秋季嫁接，接穗应随采随用。采集接穗后，应立即去掉叶片，保留叶柄，标明品种，用湿布包裹，将枝条下端没入水中 5 厘米左右。如确需贮藏，则要将接穗置于阴凉处，并保持湿度，可存放 3~5 天。在苗圃地时浇 1 次水；嫁接后不要立即浇水，以防止流胶。接口 10 天左右即可愈合。如果在春季嫁接，待嫁接芽萌发、新梢长 20 厘米左右时，解绑剪砧。若在秋季嫁接，要到第 2 年春季树液流动后剪砧解绑。

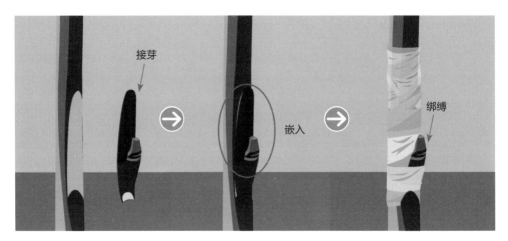

图 7-9　插接穗与绑缚

（2）枝接　樱桃常采用舌接的方法进行枝接。舌接多在春季萌芽期进行。其方法是在春季萌芽前选用成熟度好、粗 0.5~1 厘米的 1 年生枝条（最好用春梢，秋梢成活率低），剪成带有 2~3 个芽的接穗，接穗上下两端蘸蜡，置于塑料薄膜中保湿，贮藏于 4℃ 冰柜中。双舌接时，选用与砧木粗度相似的接穗，剪成 5~6 厘米长，在其下部芽的相反方向削成长 3 厘米左右的单削面，然后在削面的 1/3 处垂直切一刀。对砧木也进行同样处理。然后将两者裂缝相对，把接穗插入砧木中，使一侧形成层对齐，然后进行绑缚。这样的嫁接速度虽然较慢，但由于形成层接合面多而大，是春季枝接中成活率最高的接法。

2. 嫁接后管理

（1）检查成活情况与补接　芽接后 1 周左右（有的 2~3 周）即可检查成活情况，枝接苗在接后 30~35 天即可检查成活情况，以便及时补接。芽体和芽片呈新鲜状态，叶柄一触即落，表示已经成活。发现芽体变黑，芽片萎缩，叶柄触之不易脱落时，表示嫁接未成活。

（2）解除绑缚物　对嫁接已成活、愈合已经很牢固的苗木，要及时解除绑缚物，以免因绑缚物对植株绞缢影响营养的运输和接穗生长。春季芽接后一般 20 天左右可以解除绑缚；秋季芽接，当年不能发芽，为防受冻和干缩，不要过早地去掉绑缚物。枝接宜在新梢长到 20~30 厘米、接合部已生长牢固时再除去绑缚物。枝接过程中，要在砧基或接合部位培土保护。成活后临近萌发时，要及时破土放风，以利于接穗萌发和生长。

（3）剪砧　春季芽接和枝接，应在嫁接时剪去接合部以上的砧木部分；秋季芽接的则应在第 2 年春季萌芽之前剪砧。

（4）设立支柱　在春季风大的地区，为防止接穗新梢风折和接口劈裂，当新梢高达 20~30 厘米时，应靠砧设立支柱，绑缚新梢，以减轻风摇和损伤，待风季过后，再剪去砧条。

（5）除萌　嫁接后，特别是剪干嫁接后，往往会在砧木接口以下或根部发出许多萌蘖，消耗水分和营养，应立即将其抹除（图7-10）。当嫁接未成活时，则应从萌条中选留一枝直立、健壮的枝条，加强管理，以备补接时使用。

图 7-10　嫁接后除萌

（6）培土防寒　在北方地区，嫁接苗与播种苗及其他营养繁殖苗一样，应注意防旱防寒，特别是对嫁接的接合部，要顺苗行培土，高度为20厘米，以盖住接口为宜。

（7）圃内整形　当嫁接苗长到一定高度时，应按照树种特性、栽植地条件、树形类别、培养目的的要求进行定干（图7-11）。定干后，可按树形要求通过抹芽、除萌、疏枝、短截、攀扎等方法进行整形。

图 7-11　樱桃嫁接苗定干

三、苗木出圃

樱桃苗一般在晚秋至封冻前出圃。起苗前1周浇水，保持土壤湿润。苗木起出后，及时分级，避免长期暴晒。剔除带有樱桃根癌病、樱桃根腐病、樱桃干腐病、樱桃流胶病的植株，应销毁有明显病毒病特征的病株。按苗木等级标准分级，然后将不同等级的苗木每30~50株捆成1捆（图7-12），挂上品种和砧木类型标签，然后用抗根癌菌剂与水、黏土制作泥浆蘸根，用麻袋或蛇皮袋包住根，包内要填充保湿材料，及时运至用苗地。暂时运不走时要开沟假植。樱桃苗木的分级标准见表7-2。

图 7-12　樱桃苗分级捆绑

表 7-2　嫁接甜樱桃苗分级标准

项目		等级	
		一级	二级
品种与砧木类型		纯正	
根	侧根数量（条）	≥ 10	≥ 10 条
	侧根基部粗度 / 厘米	≥ 0.4	≥ 0.3
	侧根长度 / 厘米	≥ 20	
	侧根分布	均匀，舒展而不卷曲	
茎	砧段长度 / 厘米	10~20	
	苗木高度 / 厘米	≥ 120	≥ 80
	苗木粗度 / 厘米	≥ 1.0	≥ 0.8
	倾斜度（度）	≤ 8	
	根皮与茎皮	无干缩皱皮，无新损伤处，老损伤处总面积不超过 1 厘米^2	
芽	整形带内饱满芽数（个）	≥ 8	≥ 6
嫁接部位愈合程度		愈合良好	
砧桩处理与愈合程度		砧桩剪除，剪口环状愈合或完全愈合	
苗木成熟度		木质化程度良好	
病虫害		无根癌病、干腐病及其他检疫病虫害	

第八章　葡萄苗木生产技术

按照培育方式的不同，葡萄苗培育可以分为图 8-1 所示几种类型。

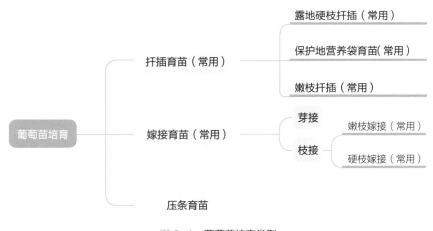

图 8-1　葡萄苗培育类型

一、苗圃地的选择

苗圃地应选在交通方便和距离需用苗木地较近的地点。地势以向阳避风、灌溉方便、排水良好的缓坡地或平原高燥地为宜，坡地的坡度在 2~5 度。平地的地下水位宜在 1.5 米以下。地下水位过高，会影响苗木生长。低洼地不宜选作苗圃。选择土层深厚、土质松而肥沃的中性壤土建苗圃，以保持良好的排水及通气条件，有利于苗木根系及地上部分的生长。黏重土壤因排水、通气不良，春季土壤温度上升慢，秋季土温降低慢，苗木停止生长晚，不利于苗木枝条成熟。而且黏重土壤板结，常造成出苗率低，苗木质量不好。砂质土壤不利于保水、保肥，不宜用作圃地。但如果对黏重土和砂质土进行科学改良，如客土改良、多施有机肥等后，也可以用作育苗地。葡萄育苗过程中需水量大，而且需水时间长，关键时期更不能缺水。因此，苗圃地必须有充足的水源和便利的灌溉条件。

二、葡萄苗的培育

生产上使用的葡萄苗木，绝大多数是营养繁殖苗，主要采用扦插、嫁接、压条3种方法育成。

（一）扦插苗的培育

1. 露地硬枝扦插

（1）插条的选取及采集　插条采集一般结合休眠期修剪，选节间短、节部膨大、粗壮（粗度以6~12毫米为宜）、芽眼成熟饱满、色泽正常的1年生枝条进行采集（图8-2）。采集后，将枝条剪成7~8节长的枝段，每50~100根捆成1捆（图8-3），标明品种和来源。

图8-2　采集接穗

图8-3　捆绑接穗

（2）插条的贮藏　选择高燥背阴处挖沟，深60厘米左右，长度和宽度依插条数量而定。沟底先铺厚10厘米左右的湿沙，将插条捆平放或立放在沟内，放一层插条捆，填一层土，并使插条间充满细土，避免插条发霉变质，最后再盖土20~30厘米厚，高出地面，呈屋脊形，以防积水。覆土厚度要依当地低温情况而定，南方地区宜薄，北方地区可以加厚，以保证沟内温度适宜。若插条较干，或所填的土或沙较干，可以边填边洒水，沙或土的湿度一般以手捏成团、落地散开为宜。开始时覆土可以薄一些，待气温降至0℃以下时再覆土1次（图8-4）。

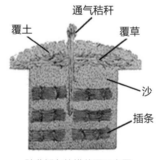
贮藏插条的横截面示意图

贮藏插条的侧面图

图8-4　插条的贮藏

（3）插条的剪截和浸泡　见图 8-5。

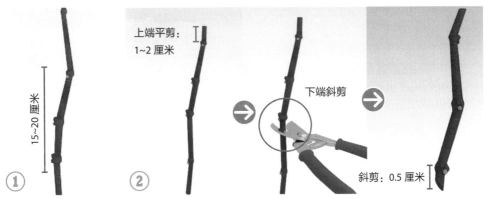

① 春季取出贮藏的插条，按 2~3 节（15~20 厘米）的长度剪截。

② 上端在芽眼 1~2 厘米处平剪，下端在基部芽眼 0.5 厘米以下剪成斜面，其上 2 个芽眼应饱满，保证萌芽成活。

③ 按 20~30 根为 1 捆捆扎，在准备催根前用水浸泡，需要浸泡 2~3 天。

④ 当插条基部出现胶状黏液时即可。

图 8-5　插条的剪截和浸泡

（4）催根处理　促进插条提早生根是扦插成活的关键，其方法可归纳为2种：一是激素催根；二是控温催根。生产中往往2种催根方法结合使用，这样催根效果更好。

1）激素催根。常用激素（生根粉）为萘乙酸或萘乙酸钠，使用方法有 3 种。

①浸液法。将葡萄插条按要求剪好，20~30 根为 1 捆立在盆里（图 8-6），加 3~4 厘米深的激素溶液浸泡12~24小时，只泡基部，萘乙酸的使用浓度为 50~100 毫克/升。萘乙酸不溶于水，配制时需先用少量的 95% 酒精溶解，再加水稀释到所需要的浓度；萘乙酸钠溶于热水，不必使用酒精溶解。

②速蘸法。将插条 20~30 根捆成 1 捆，下端在 1000~1500 毫克/升萘乙酸溶液中蘸一下，迅速取出即可扦插。

图 8-6　激素催根（浸液法）

③蘸药泥法。将插条基部 2~3 厘米在配好的药泥里蘸一下即可。药泥配制方法为：将萘乙酸溶于酒精，加滑石粉或细黏土，再加适量水调成糊状，药剂含量为 1000 毫克／升左右。药剂处理一般在春季扦插前进行，如果在冬季贮藏插条前进行，春季扦插时会有愈伤组织形成。

2）控温催根处理。一般春季露地扦插，因气温高、地温低，插条先发芽后生根，萌发的嫩芽常因水分、营养供应不足而枯萎，降低扦插成活率。控温处理就是使插条下部的土温提高到葡萄枝蔓生根所需的温度，一般认为 25~28℃ 较为适宜，可促其早生根；同时控制插条上端的温度，不使其过高，一般控制在 15℃ 以下，延迟发芽。这样便可以提高扦插成活率。

①温床催根。利用北方种菜的温床（阳畦）进行催根的方法是：在温床内放入约30厘米厚的生马粪，浇水使马粪湿润，几天后马粪发酵温度可上升到30~40℃，待温度下降到30℃左右并趋于稳定时，在马粪上铺约5厘米厚的细土，然后将准备好的插条整齐、直立地排列在上面，枝条间填塞细沙或细土，保持湿润。插条上端的芽露在外面，以免受高温影响，过早发芽。温床上面可以覆盖塑料薄膜和草苫，让气温低一些，土温高一些，一般土温宜保持在22~30℃。

②火炕加热催根。利用甘薯育苗的火炕进行葡萄插条的催根效果较好。先在火炕上铺 5 厘米厚的锯末，将准备好的插条排列在上面，在插条间填塞锯末，顶端芽眼露在外面。插好后充分喷水，使锯末湿透，保持温度在 22~30℃，火炕上面覆盖塑料薄膜和草苫，以保持湿度和控制温度。

③电热温床催根。电热温床是利用电热线加热催根，是一种效率高、容易集中管理的催根方法。电热温床的主要加热和控制设备有电热线、控温仪、开关、交流接触器等。电热线一般用 DV 系列电加热线，将其埋入催根苗床内，用以提高地温。其功率有 400 瓦、600 瓦、800 瓦、1000 瓦 4 种，可根据处理插条的多少灵活选用。

电加热线的布线方法是：首先测量苗床面积，然后计算布线密度。例如，苗床长 3 米、宽 2.2 米，电加热线功率采用 800 瓦（长 100 米），则布线道数 =（线长－床宽）/床长 =（100 米－2.2 米）/ 3 米 = 32.6，即布线道数为 32 道。注意布线道数必须取偶数，这样两根接线头方可在一侧。

布线间距 = 床宽 / 布线道数 = 2.2 米 /32 = 0.07 米。

建造电热温床时，必须严格按照说明书进行，注意安全。操作过程可见图 8-7。

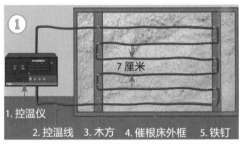

计算好布线间距后，用木板做成长 3 米、宽 2.2 米的木框，框的下面和四周铺 5~7 厘米厚的锯末作为隔热层，木框两端按布线距离各钉上一排钉子，使电热线可以来回布绕在加热床上。

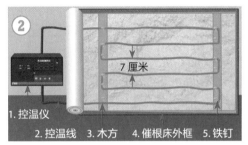

再用塑料薄膜覆盖。

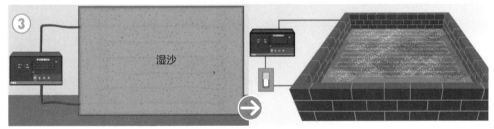

膜的上面铺 5~7 厘米厚的湿沙，最后将已经剪截好的插条用催根剂处理，然后按品种捆成小捆埋在湿沙中，床上再用草苫加塑料薄膜覆盖。一般 1 米² 苗床可摆放插条 6000 根左右。

将插条在温床上放整齐并用细沙填满插条之间的孔隙，浇透水。整个温床放满插条后，开始加热催根。温床条件：湿度为 85%~90%，插条下部温度为 25~28℃，上部温度大于 10℃。20 天左右插条基部形成愈伤组织，即可以准备扦插了。

图 8-7 电热温床催根

（5）扦插　扦插圃应选地势平坦、土层深厚、土质疏松肥沃、有灌溉条件的地段。秋季深翻并施入基肥，然后冬灌，早春土壤解冻后及时耙地保墒，准备扦插。露地扦插主要使用垄插法和地膜覆盖法。

1）直接垄插法。垄宽 30 厘米，高 15 厘米，垄距为 50~60 厘米，株距为 10~15 厘米，每亩插 8000~10000 株。插条全部斜插于垄背土中，并在垄沟内灌水。也可事先不做垄，先开浅沟，插好灌水后再培土成垄。垄插的插条下端距地面近，土温高，通气性好，生根快，根系发达。枝条上端也在土内，比露在地面温度低，能推迟发芽，营造先生根、后发芽的条件。因此垄插比平畦扦插生根早、发芽晚，成活率高，生长好。北方的葡萄产区多采用垄插法，在地下水位高、年降雨量多的地区，因垄沟排水性好，更有利于扦插成活。

2）地膜覆盖垄插法。见图 8-8。

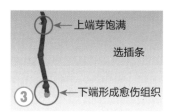

平地、施有机肥、旋地、起垄（垄行距为 50 厘米）。扦插前 1 周左右，把畦埂上的杂物清除后即可覆黑地膜。注意用土压实地膜边缘。15 厘米深处的地温达到 10℃以上时即可扦插。

用打孔器按照 10 厘米的株距在覆盖好地膜的畦梗上打孔。

选择上端芽饱满，下端形成愈伤组织的插条准备扦插。

扦插。生产中常用的扦插方法有直插和斜插。直插是将插条垂直插入；斜插是将插条倾斜插入，但倾斜角度不超过 45 度。扦插深度要求插条上顶芽高出地面 0~3 厘米。

扦插后灌 1 次透水，以提高扦插成活率。

图 8-8　地膜覆盖垄插法

（6）扦插苗的田间管理 田间管理主要包括抹芽、肥水管理、摘心和病虫害防治等多项工作。总原则是前期加强肥水管理，促进幼苗生长，后期摘心并控制肥水，加速枝条成熟。

①抹芽。当新梢长 3~5 厘米时，选留 1 个粗壮芽，其余抹除（图 8-9）。

图 8-9 田间管理——抹芽

②灌水与施肥。扦插时要浇透水，插后尽量减少灌水，以便提高地温，但要保持嫩梢出土前土壤不干旱。北方往往春旱，一般 7~10 天灌水 1 次，具体灌水时间与次数要依土壤湿度而定。6 月上旬 ~7 月上中旬，苗木进入迅速生长时期，需要大量的水分和养分，应结合浇水追施速效性肥料 2~3 次，前期以氮肥为主，后期要配合施用磷钾肥，每次每亩施入人粪尿 1000~1500 千克或尿素 8~10 千克或过磷酸钙 10~15 千克或草木灰 40~50 千克。7 月下旬 ~8 月上旬，应停止浇水或少浇水。

③摘心。葡萄扦插苗生长停止较晚，后期应摘心并控制肥水，促进新梢成熟。在幼苗生长期时，对副梢摘心 2~3 次，在主梢长到 70 厘米时进行摘心，到 8 月下旬长度不够的也一律进行摘心。

④病虫害防治。7~8 月是多雨季节，葡萄幼苗易感染霜霉病（图 8-10）、黑痘病（图 8-11），可喷 3~4 次少量的波尔多液 160 倍液，也可以用多菌灵可湿性粉剂或甲基硫菌灵可湿性粉剂。发生毛毡病（图 8-12）时，可喷 0.3~0.5 波美度的石硫合剂。

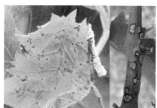

图 8-10 葡萄霜霉病　　　　图 8-11 葡萄黑痘病　　　　图 8-12 葡萄毛毡病

2. 保护地营养袋育苗

保护地营养钵扦插育苗是冬春季在日光温室或塑料大棚内利用营养钵进行育苗的方法。它除了具有当年育苗当年出圃的优点外，还具有节约种条、提高苗木的繁殖系数、育苗速度快、节省育苗土地、节约劳力、降低育苗成本等优点。此外，由于苗木带土定植，因此缓苗时间短，成活率高。

保护地营养钵扦插育苗的步骤包括制作催根温床、处理插条、催根、建造苗床及准备营养钵、上钵、苗期管理、出圃。

（1）制作催根温床　选日光温室或塑料大棚中部通风透光良好的地方制作电热温床。在选好的畦内底层铺塑料泡沫板，上面覆盖 5 厘米厚的湿沙，然后在床的两端按 5~10 厘米的距离固定小木桩，在上面按"U"形均匀铺设电热线。电热线要拉直。在电热线上再覆 2 厘米厚的沙即可。

（2）处理插条　在扦插前把冬季修剪时剪好的种条从储藏窖中取出，进行插条剪截。一般采用双芽扦插，插条长度保留 10~15 厘米。在芽的上方 1 厘米处平剪，将插条下端斜剪成马蹄形。插条剪好后，每 50 根捆成 1 捆，放在清水中浸泡 1~2 天。

（3）催根　可参考前面露地硬枝扦插育苗技术中的催根方法。

（4）建造苗床及准备营养钵　先配制营养土，把 1 份肥沃田园表层土、2 份粗沙和 1 份腐熟农家肥混合均匀后过筛备用。再准备直径为 6~10 厘米、高 10 厘米的塑料营养钵或长 16 厘米、宽 8 厘米的塑料袋作为育苗容器，但在装土前，在塑料袋底中间要剪 1 个直径约为 1 厘米的孔用于排水。然后制作苗床，将温室或塑料大棚内的地面整平，用土隔出育苗畦。畦呈南北走向，宽 0.7~1.5 米，长度根据棚内空间大小灵活掌握。

（5）上钵　北方一般以 2 月中旬 ~3 月上旬为最好的上钵时间。上钵时，将催根后的插条按生根程度进行挑选分类，将生根程度一致的放在同一个畦内，以便统一管理。对于只形成愈伤组织的可以直接扦插入钵，即在营养体内装好营养土，蹾实，在覆土至距钵口 1.5 厘米处时灌水，水渗入后，将插条轻轻一插即可，插条上部保留 3~4 厘米，然后覆土厚 1 厘米左右。切忌损伤根原始体，对于已经催出根系的插条，可先将营养钵装入 1/3 的土，然后栽上插条，周围填土，用手稍压，栽植深度同上。上钵后灌足水，使新根与营养土密切接触（图 8-13）。

图 8-13　营养钵扦插

（6）苗期管理

①湿度调控。要根据土壤干湿程度、温度高低和苗木生长情况灵活调控。在育苗初期，可每隔 2~3 天喷 1 次水，后期随着气温升高，土壤蒸发量加大，喷水次数相应增加，可每隔 1 天或每天喷 1 次水。空气相对湿度应控制在 75% 左右。

②温度调控。育苗初期，要加盖草苫等保温，土壤温度保持在 20~25℃，室内空气温度白天为 22~25℃，超过 27℃就要通风降温；晚上为 15~17℃，不应低于 10℃。天气转暖后应加大通风量，以降低室内温度。阳光强烈时要遮阴。

③追肥。在生长过程中，当发现叶色浅黄或出现其他营养缺乏症时，要进行叶面喷肥，可喷 0.1%~0.2% 尿素和 0.2% 磷酸二氢钾。喷肥次数根据苗木生长状况而定，一般为 2~3 次。但注意肥液浓度要比露天育苗施肥的浓度稍低，以免产生肥害（图 8-14）。

④病害防治。一般在苗期 3 叶 1 心时即可喷波尔·锰锌、甲基硫菌灵等杀菌剂防病。

图 8-14　营养钵苗生长状态

3. 嫩枝扦插

嫩枝扦插育苗是利用当年抽生的新梢进行扦插繁殖的一种育苗方法。采用这种方法，需要严谨的操作规程和一定的设施才能有较好的效果。

（1）扦插时间　一般在 6 月中旬 ~9 月上旬均可进行。

（2）育苗方法

①做扦插畦或苗床。畦或床宽 1~1.5 米，长度视需要而定（图 8-15），扦插畦内要有 30~40 厘米厚的疏松肥沃的熟土，并用五氯硝基苯或福尔马林对土壤进行消毒处理。

若用营养钵扦插，床深 30~40 厘米，底部铺厚 10 厘米左右的粗沙；营养袋直径为 6 厘米，高 15 厘米；将装好营养土（沙：土：熟厩粪 =1:1:1）的塑料袋摆放整齐。

②准备插条。见图 8-16。

图 8-15　做畦

夏季利用半木质化的新梢和副梢进行扦插，从葡萄植株上选择枝芽饱满、没有病虫害的半木质化新梢。

将采集后的插条放置在水中浸泡或者用湿毛巾包裹。

图 8-16　准备插条

将直径为 0.6 厘米左右的半木质化新梢每 2~3 节（芽）剪成插条，要求上剪口距芽 2 厘米平剪，下剪口距芽 0.5 厘米斜剪，并将上芽叶片沿叶缘向内剪留 1/4~1/3，以利于光合作用，减少水分蒸发。然后，将剪好的插条浸泡在清水中或直接浸泡于药液中，等候扦插。

图 8-16　准备插条（续）

③药剂处理。见图 8-17。

先用消毒液浸泡剪接好的插条，可以用 30% 百菌清 500 倍液去除新梢表面潜在的病原菌。

然后用生根粉浸泡插条的基部。

图 8-17　药剂处理

常用的药剂有以下 2 种：

a. ABT 生根粉。配制 50 毫克 / 升 ABT 生根粉药液，将插条基部浸泡 0.5~1 小时；或配制 500 毫克 / 升药液，将插条基部浸泡 5 分钟。

b. 萘乙酸。配制 100 毫克 / 升萘乙酸药液，将插条基部浸泡 1~1.5 小时；或配制 1000 毫克 / 升药液，将插条基部浸泡 5 分钟。

④扦插。将准备好的畦或苗床浇透水，按 20 厘米 ×15 厘米的行株距斜插，无论插条是 2 节或 3 节，均在地表以上留 1 个芽，其余插入土壤中（图 8-18），插后迅速洒水（图 8-19），填充插条与土壤间的空隙。

⑤管理。除遮阴外，在扦插后的 15~20 天内，要求土壤及近地空气湿度保持在 90% 左右，温度控制在 24~30℃才有利于生根成活。因此，在 15 天内必须有专人负责定期洒水或装置喷雾设备。另外，保证 24℃以上的温度，还需要在夜间扣塑料棚。

（二）嫁接苗的培育

葡萄嫁接繁殖主要用于提高栽培品种的抗逆性，如在东北地区利用山葡萄、贝达等作为砧

图 8-18　插条扦插

图 8-19　插条扦插后洒水

木，提高植株的抗寒性；在山东、辽宁、陕西等地利用沙地葡萄作为砧木，可抗根瘤蚜。

1. 砧木种类

葡萄常用砧木种类及特性见表 8-1。

表 8-1　葡萄常用砧木种类及特性

砧木种类	特性
贝达	贝达系美洲葡萄和河岸葡萄的杂交种。树势强，枝条扦插容易生根，抗寒性和抗病性强，根系可耐 -12℃ 的低温，是我国东北地区葡萄栽培的常用抗寒砧木
山葡萄	原产于我国东北、华北，以及朝鲜、俄罗斯远东地区。雌雄异株，抗寒性极强，根系可耐 -15℃ 的低温，枝条可耐 -50~-40℃ 的低温。抗白粉病、白腐病和黑痘病，不抗根瘤蚜，易患霜霉病。枝条扦插不易生根，在我国东北可用播种方法繁殖苗木
沙地葡萄	抗旱性强，抗寒力中等。深根性，耐瘠薄，对根瘤蚜、霜霉病及黑腐病有高度抵抗力。扦插易生根，与欧洲葡萄嫁接亲和力强

2. 嫁接方法

嫁接方法因嫁接时期和砧木种类而异，常用的方法有以下几种。

（1）芽接

①接穗的选择和采集。接穗应从品种纯正、生长旺盛、无病虫害的丰产单株上剪取，选择生长充实、芽眼饱满、没有副梢或副梢小的当年新蔓作为接穗。接穗剪下后要立即剪去叶片，基部浸在冷水中泡 1 小时，充分吸水后用塑料薄膜包好再运输，如就地嫁接，可随取随接。

②选择适宜的芽接时期。在葡萄新梢已开始木质化、能很顺利掰下接芽时进行，一般在 6~7 月进行，过晚会影响秋季芽成熟。如果要提早嫁接，早春最好用塑料薄膜覆盖砧木苗。

③芽接的方法。一般采用方块芽接，但要比常规芽接的芽片大些。芽片长 2~3 厘米，宽 1 厘米左右。接穗比较嫩时，可采用带木质部芽接。

（2）枝接

①嫩枝嫁接。嫩枝嫁接的最佳嫁接时期为 5 月下旬~6 月下旬。接穗的采集一般结合夏季修剪进行，选半木质化的新梢或副梢作为接穗，采集后先进行处理，方法见图 8-20。

① 接穗摘叶 接穗摘叶后

浸水

②

采集接穗后，去掉叶片，保留1厘米左右的叶柄，也可以不保留叶柄，但在嫁接2年生贝达苗后要将叶柄痕包扎严实。

将摘除叶片的接穗基部浸入水中或者用湿布包裹好，准备嫩枝嫁接可随采随用。

图 8-20　接穗处理

> ✂ 提 示　嫩枝嫁接砧木选用粗壮的1~2年实生苗或准备扦插枝条砧木，嫁接时砧木粗度要求在0.5厘米以上（图8-21）。

粗度为0.5厘米以上

图 8-21　葡萄嫁接砧木

嫁接方法采用劈接，包括4步，见图8-22。

嫁接后的管理，见图8-23。

芽上方保留
1厘米　Ⅰ　　　Ⅰ2~3厘米　　　　　　长1.5~2厘米

①

第1步削接穗：先将接穗按1个芽1段剪下，要求芽上保留1厘米，芽下保留2~3厘米。手捏接穗，在芽下0.5厘米处入刀削成1个长1.5~2厘米的切面，然后在切面的对侧削一等长的切面。注意切面应平滑整齐。

平剪　3厘米左右　劈开

保留3~4片叶

②

第2步切砧木：将砧木保留3~4片成叶，平剪，剪口距第一芽的距离为3厘米左右。削平断面，用刀在砧木断面中心处垂直劈下，深度应略长于接穗切面。

图 8-22　劈接

第3步插接穗：将砧木切口撬开，把接穗插入，形成层至少一侧对齐，并使穗削面露出砧木外1~2毫米。

第4步绑缚：用塑料条将接口包扎严密，并对接穗顶端的剪口也要绑紧包严。

图 8-22　劈接（续）

嫁接后立即灌水，保持土壤湿润，促进接口愈合和生长。

及时去除砧木上的萌蘖，避免营养浪费。一般1周1次，需除萌5次左右。当嫁接苗长至10厘米左右时，喷1次50%退菌特可湿性粉剂600倍液+0.3%尿素溶液。对于长在砂壤土中的苗，在苗长至10厘米时开始补肥，每亩追施复合肥15千克，可以穴施也可以沟施。等嫁接苗嫁接品种新梢长至30厘米以上时，搭架引缚，防止嫁接口因风劈开。

及时去除卷须，在长出8~9片叶时解绑。7~8月时注意黑痘病、霜霉病，可喷氟硅唑、烯酰吗啉、锰锌·氟吗啉等。

立秋时对苗木摘心，顶端的2个副梢各留2片叶后反复喷肥、摘心，抹除其余副梢。

图 8-23　嫁接后的管理

②硬枝嫁接。硬枝嫁接一般在早春砧木萌芽之前进行，有些地方也在冬季覆上防寒罩前进行。采用接穗和砧木的 1 年生枝条，于室内进行嫁接。硬枝嫁接方法可采用劈接、腹接和舌接等。根据所利用砧木的形式不同，又可分为 2 种，一种是用 1 年生成熟枝条作为接穗，接穗长 2~3 节，用 1~2 年生带根苗作为砧木，接口离地面 3~5 厘米。嫁接后用塑料条将接口绑扎严密，并用湿润的细土将嫁接好的植株连同接穗顶部全部埋严，埋土厚度一般要求超过接穗顶部 3 ~5 厘米。另一种是接穗和砧木均采用 1 年生枝，接穗长 1~2 节，在芽上端留 1~2 厘米，芽下端留 4~5 厘米。砧木一般长 2~3 节，下端剪法同硬枝扦插，上端在顶部芽上 4~5 厘米处平剪。砧木和接穗的粗度要相近。然后利用劈接或舌接法进行嫁接，嫁接后进行愈合处理，最后扦插育苗。

为促使砧穗愈合，并促进砧木发根，可在温室或火炕上进行加热处理，要求温度在 25~28℃，经15~20天部分接口愈合。砧木基部出现根源体和幼根，再经放风锻炼后，可露地扦插。加热时要用湿锯末将插条四周填充密实，以保持湿度。春季可在露地苗圃对越冬砧木苗进行嫁接，常用劈接法。

为使嫁接苗成活和生长良好，要及时抹除砧木上的萌芽，对接穗上的芽眼萌发出的新梢，除保留 1~2 个健壮的外，其余也全部抹掉，当新梢长至 30 厘米左右时，要及时设立支柱并引绑，并加强肥水管理及病虫害的防治。

（三）压条苗的培育

生产上多用水平压条法。水平压条法既可埋压 1 年生枝条，也可埋压多年生枝蔓或主蔓，但其先端必须有 1 年生枝条，压条时还要注意使其先端的 1 年生枝条至少有 2 个芽露出地面。

三、苗木出圃

为防止苗木混杂，保证苗木品种的纯正，出圃前应将不同品种做好标记。如果有混杂，应先将杂苗剔出，再分品种由少至多逐次起苗。起苗时间是在 10 月下旬 ~11 月中旬，在葡萄落叶后。具体方法见图 8-24。

起苗前先去除立杆和绳，同时保留下端发育充实的 4~5
个芽，剪去苗木上端的枝梢。对于未完全成熟苗木，修
剪时剪至成熟部位。

然后用锹或镐从一定的深度把苗挖
出，注意少伤根。

把挖出的苗木分级，分级标准见表 8-2，然后把合格苗
木按 10 株或 20 株 1 捆捆好。

为保证苗木栽植的成活率，苗木根系在阳光下暴露时间
不得超过 0.5 小时，可以在地边临时挖一浅沟进行临时
假植，或放置一块覆盖物覆盖苗木根系。当所有苗木全
部挖出后可将苗取出，集中贮藏。

图 8-24　苗木出圃

表 8-2 葡萄苗木分级标准

种类	项目			等级		
				一级	二级	三级
自根苗	品种纯度（%）			≥ 98		
	根	侧根数量（条）		≥ 5	4~5	
		侧根粗度 / 厘米		≥ 0.3	0.2~0.3	
		侧根长度 / 厘米		≥ 20	15~20	≤ 15
		侧根分布		均匀、舒展		
	枝干	成熟度		木质化		
		枝干高度 / 厘米		≥ 20		
		枝干粗度 / 厘米		≥ 0.8	≥ 0.6~0.8	≥ 0.5~0.6
	根皮与茎皮			无新损伤		
	芽眼数（个）			≥ 5		
	病虫危害情况			无检疫对象		
嫁接苗	品种纯度（%）			≥ 98		
	根	侧根数量（条）		≥ 5	4~5	
		侧根粗度 / 厘米		≥ 0.4	0.3~0.4	0.2~0.3
		侧根长度 / 厘米		≥ 20		≤ 15
		侧根分布		均匀、舒展		
	枝干	成熟度		充分成熟		
		枝干高度 / 厘米		≥ 30		
		接口高度 / 厘米		10~15		
		粗度 / 厘米	硬枝嫁接	≥ 0.8	≥ 0.6~0.8	≥ 0.5~0.6
			嫩枝嫁接	≥ 0.6	≥ 0.5~0.6	≥ 0.4~0.5
		嫁接愈合程度		愈合良好		
	根皮与茎皮			无新损伤		
	接穗品种芽眼数（个）			≥ 5		≥ 3~5
	砧木萌蘖			完全清除		
	病虫害情况			无检疫对象		

注：本表内容引自 NY 469-2001《葡萄苗木》。

第九章　草莓苗木生产技术

按照培育方式的不同，草莓苗培育可以分为图 9-1 所示几种类型。

图 9-1　草莓苗培育类型

一、苗圃地的选择

育苗地应选择土壤疏松肥沃、排灌方便、光照良好、未种植过草莓的地块。此外，避免选择前茬是茄科作物的地块或果树苗圃地作为圃地，以免发生共性病害。以在远离草莓生产园地的山区育苗最为理想，曾繁育过草莓苗的地块必须先进行土壤消毒处理。育苗地选好后，施足基肥，要求每亩施腐熟肥 1500~2000 千克和氮磷钾三元复合肥 50 千克，然后翻耕、整地、做畦或平畦均可，畦面宽 1.7 米左右，畦沟要排水通畅，雨停后不积水。整畦结束时，每亩畦面可喷 50% 丁草胺 300 倍液。

二、草莓苗的培育

草莓是多年生草本植物，以匍匐茎分株繁殖为主，也可用新茎分株繁殖等方式培育。

（一）匍匐茎分株苗的培育

大多数草莓品种都具有发生匍匐茎的能力。一般1株母株可发生数条匍匐茎，在匍匐茎上形成匍匐茎苗，并可连续形成多次匍匐茎苗。在易发生匍匐茎的品种上，只要加强栽培管理，1株母株可产生100多株匍匐茎苗。当匍匐茎苗形成3~4片叶以上、具有一定数量的新根时，即可定植于大田。这种繁殖方法的优点是繁殖系数高，方法简便，伤口小，不易感染病害。目前，生产上多采用生产田直接育苗和建立母本田育苗的方法。

1. 生产田直接育苗

采摘完毕草莓果实后，可将生产田改作繁殖苗圃地，具有省地、省工、简便易行的特点。

（1）选留母株　即按一定的行株距拔出部分老株，留下无病虫害的健壮植株作为母株，去掉其上端的部分衰老叶片，以改善通风透光条件。

（2）加强管理

①及时施肥灌水。在行间开沟施肥，或深中耕结合追施速效肥。施肥后灌水，保持土壤湿润、疏松，使匍匐茎苗易于扎根成活。

②加强对匍匐茎的管理。结合中耕理顺匍匐茎，并要人工压埋，使匍匐茎苗定点扎根。

③控制秧苗量，促发壮苗。为促进秧苗健壮生长，可将早期发生的匍匐茎每条留2株秧苗，中期留1株幼苗，去除后期发出的匍匐茎，并在移栽前控制水分，适当晾苗。

2. 建立母本圃育苗

要提高秧苗质量，必须建立专门的母本圃培育秧苗。

（1）母株的栽植

①选择母株。要选用品种纯正、植株健壮的幼苗作为母株，有条件的选用组织培养的无病毒苗作为母株，效果更好。

②栽植。北方可在春季3~4月进行，也可在前一年11月进行。11月栽植时要注意越冬防寒。在3~4月栽植母株时，要预先利用塑料拱棚升高地温，当地温升高到10℃以上时定植。母株栽植4周后再覆盖一层地膜。

③母株栽植的行株距。行株距要根据品种特性、栽培条件和管理措施而定。总之，要使母株和匍匐茎苗都有充足的营养面积，保证通风透光，子株生长健壮（图9-2）。

（2）母株与匍匐茎管理　在北方3~4月定植于塑料拱棚的母株，缓苗后开始迅速生长。5月上中旬外界气温升高，开始有匍匐茎发生。

①促进匍匐茎扎根。去除覆盖的地膜和拱棚，及时中耕松土和清除杂草，同时结合中耕松土可在行间撒施有机肥和氮磷钾复合肥，以利于匍匐茎扎根生长。

②及时疏除母株上出现的花蕾（图9-3），减少营养消耗，促使多发匍匐茎和形成健壮的匍匐茎苗。疏除花蕾一般要进行3~4次。

图 9-2　栽植草莓母株　　　　　　　　　　　图 9-3　疏除花蕾

③及时整理和固定匍匐茎，防止匍匐茎相互交叉（图 9-4）。将匍匐茎苗引向母株的一侧或两侧，在匍匐茎的叶丛处用土压茎（图 9-5），或用弓形铁丝固定匍匐茎，每株母株保留 8~10 条匍匐茎，匍匐茎苗的间距保持为 15 厘米 × 15 厘米，使株丛间通风透光，保证每株秧苗有足够的营养面积。

图 9-4　整理草莓匍匐茎　　　　　　　　　　图 9-5　埋压后的匍匐茎

④秧苗假植。为培育健壮、整齐一致的秧苗，可于7月上中旬将秧苗假植在准备好的假植苗床内。栽植后及时浇定根水，并进行覆盖遮阴。每天浇1次小水。成活后每3~4天浇1次水，保持床土湿润。要及时去除假植苗上发生的新匍匐茎，以防止秧苗拥挤造成徒长和苗的大小不一。经过50~60天，幼苗的新叶达到6片以上，茎粗1厘米以上，发生较多新根，达到壮苗标准后，即可移入露地或保护地栽植。也可不进行假植育苗，在母本圃内将匍匐茎苗的间距留得大些。

为促进匍匐茎苗的花芽分化，可在中耕除草时对幼苗进行部分断根，挫伤根系，以抑制地上部分的营养生长，促使花芽分化。断根要在花芽分化前 10~14 天进行。

（二）新茎分株苗的培育

生长季中，草莓茎的腋芽可抽生新茎分枝，在新茎分枝基部可发生数条不定根，将新茎分枝带根与母株分离，即可成为 1 株新苗。当新茎分枝长出 4~5 片大叶和发生较多新根时，将母株挖出，使新茎与母株分离，选出发育良好、须根较多的分株，移栽于生产田。

（三）锥管高架无土苗的培育

1. 定植前准备

北京地区露地草莓育苗定植期一般在 4 月下旬~5 月上旬，大棚草莓锥管高架无土育苗定植期在 3 月下旬~4 月中旬，需提前扣好棚膜，对棚室进行杀菌处理，设高架及种植槽，高架采用国标钢管，架高 1.6 米、宽 0.33 米，定植槽宽 0.26 米、深 0.28 米（图 9-6），采用塑料泡沫材料且在底部留有渗水孔。在种植槽内填满基质，基质采用育苗专用基质，每袋 50 升，每亩用量在 800 袋左右，每架铺设 1 条滴灌带，定植前 1 天浇透水。

图 9-6　草莓锥管高架无土育苗

2. 定植

大棚草莓锥管高架无土育苗定植最好选在晴天的下午进行，采用单株定植，定植株距为30厘米，每亩定植1300株左右，定植后及时进行滴灌浇水，如天气晴朗、光照强，必须加盖遮阳网（遮光率为 50%，下同），定植7天后母株成活，转入正常管理。

3. 田间水肥管理

定植后至分苗期间根据天气情况平均每 1~2 天浇 1 次水，前期温度较低时浇水不宜过多。到 5 月下旬，随温度逐渐增高缩短浇水间隔期，加大浇水量，定植槽底部渗水即可，并使用吊喷、覆盖遮阳网及加大通风量等方式进行降温处理，肥料可使用水溶性冲施肥（N-P-K 的含量为 20-20-20），每 15 天施 1 次肥，每亩每次施用 3~5 千克。6~8 月温度偏高，要注意避免匍匐茎与滴灌管直接接触，及时理顺匍匐茎，将匍匐茎与滴灌管用稻草或纸板隔开，避免滴灌管烫伤匍匐茎。

4. 温度和湿度管理

对于大棚草莓锥管高架无土育苗，白天的适宜温度为 26~28℃，夜间温度不低于 8℃。5月外界气温逐渐增高，白天及夜间顶风口和边风口可常开。白天温度超过 30℃时，可在晴天

10：00 覆盖遮阳网，16：00 后撤下，配合环流风机使棚室内空气对流以降温。阴雨天关闭顶风口，不覆盖遮阳网，棚室内过于干燥时可选择用喷淋装置进行增湿降温。

5. 病虫害防治

草莓育苗期间的常见病害以炭疽病、白粉病等为主，病害防治应遵循"预防为主、综合防治"的植保方针，并及时去除母株底部的老病残叶。同时，在风口处全部加设防虫网和黄板，以减少虫害发生。母株定植缓苗后进行药剂防治，每 7~10 天喷施 1 次广谱性杀菌剂，可选择 70% 代森锰锌可湿性粉剂 600 倍液，或 64% 噁霜·锰锌（杀毒矾 M8）可湿性粉剂 500 倍液。防治白粉病可选用 50% 醚菌酯（翠贝）水分散粒剂 3000~5000 倍液或 10% 苯醚甲环唑（世高）水分散粒剂 1500 倍液。为避免草莓植株产生抗药性，应注意轮换用药。

6. 分苗

一般在 7 月底，草莓锥管高架无土育苗定植前 50 天开始进行分苗（图 9-7），应提前预备棚室及架网、遮阳网，在锥管中填充好基质，浇透水备用。将草莓的整条葡萄茎与母株进行分离，再对葡萄茎上的子苗进行分离，分离好的子

图 9-7　锥管高架无土培育草莓苗分苗

苗统一使用 75% 百菌清可湿性粉剂 600 倍液进行消毒处理，利用专用夹子将子苗固定到填满基质的锥管里，将锥管放到架网上，定植后立即使用遮阳网进行遮盖，使用吊喷进行喷水。此时温度偏高，应至少每天喷水 1 次，每 7~10 天结合预防病害进行叶面追肥，可叶面喷施 0.2% 磷酸二氢钾。

（四）无病毒苗的培育

草莓被病毒侵染后，植株生长衰弱，叶片皱缩，果实变小且多畸形，品质变劣，产量明显下降，给草莓生产造成极大的经济损失。因此，培育无病毒苗对草莓生产很重要。

1. 病毒类型

草莓常见病毒及处理方法见表 9-1。

表 9-1　草莓常见病毒及处理方法

病毒种类	热处理时间	病毒种类	热处理时间
草莓斑驳病毒	12~15 天	草莓镶脉病毒（图 9-9）	难以用热处理方法脱除
草莓皱缩病毒（图 9-8）	50 天以上	草莓轻型黄边病毒	

图 9-8　草莓皱缩病毒的症状表现　　　　　　图 9-9　草莓镶脉病毒的症状表现

2. 脱毒方法

（1）热处理脱毒　把培养好的盆栽草莓苗放入可控制温度、光照的培养箱（37~38℃的恒温箱）内进行热处理，白天光照 16 小时，光照度为 5000 勒克斯，空气相对湿度为 65%~75%，处理时间因病毒种类不同而异。

（2）茎尖培养脱毒　取长度为 0.2~0.5 厘米、带 1~2 个叶原基的茎尖进行培养，分化出的试管苗可有效脱毒，结合热处理效果更好。

（3）花药培养脱毒　在草莓现蕾时摘取 4 毫米左右的草莓花蕾，其中的花药直径为 1 毫米左右，将采集到的花蕾用流水冲洗后，置于铺有湿润滤纸的培养皿中，4℃预处理 48 小时。在超净工作台上将花蕾放入 70% 的酒精中消毒 30 秒，先转入 0.1% 的升汞溶液中消毒 7~8 分钟，用无菌水冲洗 3~4 次，剥取花药接种在加有一定浓度的 6- 苄氨基腺嘌呤和吲哚丁酸的 MS 培养基上进行暗培养，2 周后移至光下培养 40~50 天，然后将分化再生的植株接种到附加一定浓度的 6- 苄氨基腺嘌呤和吲哚丁酸的 MS 培养基上进行增殖培养，在其生根后移栽。

3. 病毒的鉴定与检测

采用上述脱毒技术获得的植株是否真正脱毒，还需进行病毒的鉴定与检测，确认完全无毒后方可进一步扩大繁殖。鉴定与检测的方法主要有指示植物小叶嫁接鉴定法、生物学鉴定法等。指示植物小叶嫁接鉴定法方法的操作步骤为：用草莓 UC-4、UC-5、UC-10、UC-II、EMC 等作为指示植物。嫁接时，先从待检植株上采集完整、成熟的 3 片复叶，剪掉复叶左右的 2 片小叶，留下中间小叶带 1~1.5 厘米长的叶柄，用锐利的刀把叶柄削成楔形作为接穗。选生长健壮的指示植物叶片，剪除中间小叶，在 2 个小叶叶柄中间向下纵切 1 条长 1.5~2 厘米的切口，插入削好的接穗，用塑料条包扎。每一株指示植物最好嫁接 2 个待检接穗。接后将整个花盆罩上塑料袋，以便于保温、保湿，提高嫁接成活率。嫁接的植株先在 25℃背阴处放置 1~2 天，然后移至阳光下，1 周后去掉塑料袋，经过 15~20 天（秋季）或 25~30 天（春、冬季）接口方可全部愈合。小苗嫁接成活后，剪去老叶，同时注意观察新长出叶上的症状表现，根据是否出现典型症状来判断是否仍带有病毒，可连续观察 1.5~2 个月。

4. 无病毒苗的繁殖

经过脱毒和病毒检测，确定为无病毒苗后，可作为无病毒原种进行保存。利用草莓无病毒原种进行组织培养（图 9-10），快速繁殖原种苗。然后，以无病毒原种苗作为母株，在隔离网室条件下繁殖草莓无毒苗，土壤要经过严格消毒，避免在重茬地繁殖无毒苗，注意防治蚜虫。

草莓无病毒苗的繁育主要采用匍匐茎繁殖法。无病毒原种苗可供繁殖 3 年，以后则需重新鉴定检测，确认无毒后方可继续作为母株进行繁殖。

三、苗木出圃

优质草莓苗应保证植株完整，无机械损伤，苗龄为 40~60 天，无病虫害，根系完整，植株矮壮（图 9-11）。草莓苗木分级标准参见表 9-2。

图 9-10　组织培养

图 9-11　优质草莓苗

表 9-2　草莓苗木分级标准

等级	新茎粗 / 厘米	根系数量(条)	根系长度 / 厘米	全株重量 / 克	其他
特级	1.2~1.5	≥ 5	5~6	30~40	4 叶 1 心，植株完整，无机械损伤，苗龄为 40~60 天，无病虫害，根系完整，植株矮壮
一级	0.8~1.0	≥ 5	5~6	25~30	
二级	0.6~0.8	≥ 5	5~6	20~25	

第十章 榛子苗木生产技术

按照培育方式的不同，榛子苗培育可以分为图 10-1 所示几种类型。

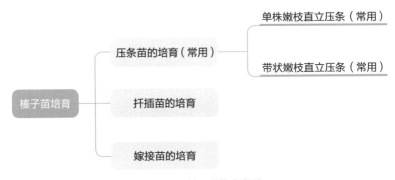

图 10-1 榛子苗培育类型

一、苗圃地的选择

应选择背风向阳、日照好的平地或稍有坡度的缓坡地，平地的地下水位应在 1.5 米以下。肥沃的砂壤土理化性质好，土壤通气性好，适于土壤微生物活动，最适宜榛子苗繁育，黏重土、砂土、盐碱土地作为苗圃地时必须改良土壤。苗圃必须有相应的水源条件，但榛子苗根系浅，呼吸强度高又怕涝，所以还必须注意地块需排水良好。苗圃应设立在交通方便的地方。

二、榛子苗的培育

目前生产上榛子优良品种苗木繁育主要采用嫩枝直立压条育苗方式，少数采用嫩枝扦插育苗方式，极少采用嫁接育苗方式，硬枝扦插、组织培养等育苗方式尚未取得成功。

（一）压条苗的培育

1. 繁殖圃的类型

按照母株的栽植方式，压条育苗繁殖圃主要有单株压条繁殖圃和带状压条繁殖圃 2 种。

（1）单株压条繁殖圃（图10-2）　把计划繁殖的优良品种苗木按一定行株距栽于繁殖圃中，行株距为（2~3）米×（1~2）米，通常采用3米×1米；行向依地块而定，为便于机械化作业要求，应以地块的长边为行向，以便于各种车辆、机具在行间行走。1个品种栽植的同一行里，并做好档案记录。

（2）带状压条繁殖圃（图10-3）　将计划繁殖的优良品种苗木按行距为3~4米、株距加密为0.5~1米的方式栽植，行向以南北为宜，当株间苗木生长出较多萌生枝时，行内形成带状，带宽1米，带的长度依小区南北向长度而定。母株的这种栽植方式叫作带状压条育苗。

图10-2　单株压条繁殖圃（母株）　　　　　图10-3　带状压条繁殖圃（幼株）

2. 压条繁殖圃的建立与管理

（1）定植坑、定植沟的准备　选择和规划繁殖圃用地之后，首先进行整地，清理杂树、野草、上茬作物、石块等杂物，然后平整土地，并对全园进行深翻。

根据规划确定定植点和定植沟位置。在确定前，必须注意到纵向和横向方位是否正确，确定好全园的定植点以后，开始挖定植穴、定植沟。

定植穴和沟的挖掘以在定植前一年秋季挖好为宜，挖穴时要以定植点为中心，定植穴直径为60~80厘米，深60~70厘米，株距较小时可沿行挖沟。挖掘时应将表土、熟土放在一侧，底部生土放在另一侧。春季回填时，每穴用土粪20千克与底土混拌均匀，填入定植穴的下部，然后将表层熟土填入定植穴上部。如果园地土质较差，应取行间表土直接与土粪混拌填入定植穴的下部。

（2）苗木准备　不论是自育苗还是购入苗木，都应于栽前进行检疫，核对品种、数量，登记挂牌，以便发现差错及时纠正，避免栽混。

选择根系发达，有木质化根8条以上，根长20厘米以上，并且有较多须根、茎充实、芽饱满、苗高60厘米以上的苗木；剔除弱小、伤口过多、质量差的苗木。对选好的苗木根系稍加修剪，剪留长度为10~12厘米。

从外地运输来的苗木，因运输途中易失水，到达栽植地点后应立即假植，用湿土或湿沙覆盖根系，使其充分吸水后再行栽植。

（3）苗木定植　榛子苗春季、秋季均可栽植，由于我国北方大部分地区冬季降水量少，空气干燥，提倡春季栽植。榛子苗定植必须在萌芽前结束。如果苗木已经萌芽再定植，成活率将会降低。

栽植后榛子苗的根颈应与地面持平或略低于地面，以根系以上埋土深度为 5~10 厘米为宜，不能过深也不能过浅。如果穴内土壤疏松，为防止栽后浇水使土壤下沉过多而造成难于掌握栽植深度，可在栽前适当浇水，沉实土壤。

定植后要立即灌水，并要求灌足灌透。水渗下后进行封土保墒，并用地膜覆盖树盘，以保湿增温，促进苗木根系活动，提高成活率。

（4）栽后主要管理措施

①栽植后及时定干，防止水分蒸发。定干高度为 40~60 厘米。

②发芽后注意金龟子、象甲、毛虫类等食叶害虫的防治，避免危害嫩芽、嫩叶。

③苗木成活后及时松土除草，增加土壤的通透性，促进发新根和根系吸收养分。

④苗木生长期内应及时浇水、追肥，加速苗木生长。

⑤入冬前灌冻水 1 次，然后将 1 年生苗基部用土培实以防寒，培土高度为 30 厘米。

3. 压条繁殖

（1）单株嫩枝直立压条

1）压条前管理。见图 10-4。

2）母株处理。一般采用直立压条时，在春季萌芽前对母株进行修剪，留其中 1 个主枝轻

撒防寒土时，用小耙子将榛子母株根部防寒土清理干净。　将榛子母株植株幼芽抠出，一定要小心，不要伤芽。

图 10-4　压条前管理

修剪,以保持母株的正常发育,对其余主枝重修剪,并把母株基部的残留枝从地面处全部剪掉(图10-5),促使母株发生基生枝。对于母株基部的残留枝从地面的剪留长度陈素传等在欧洲榛子平茬促发新枝试验中发现,在地面处平茬处理促发的萌条平均粗度大于0.5厘米,有效萌条(30厘米以上的萌条)占总萌条数的52.1%,且萌条粗壮,长势旺盛,叶色浓绿;在距地面10厘米处平茬,有效萌条占总萌条数的34.2%,萌条长势很弱,甚至濒于枯死。因此,母株基部的残留枝从地面处平茬剪掉最好。

图10-5 母株处理

3)压条时间。压条繁殖的时期主要根据萌蘖生长的具体情况而定,以便能在最佳繁殖时期达到压条的标准。不同的压条时间对榛子压条后苗木生根和成活效果的影响有所不同。王申芳的欧洲榛子锯末围穴压条育苗试验表明,6月压条,由于枝条幼嫩,代谢旺盛,生物活性物质含量较高,容易生成不定根,且压条后生根期间温度、湿度较高,有利于生根,故成活率较高。7月以后压条,由于当年的萌蘖枝条已开始木质化,影响生根。至于6月中旬以前更早的时期,由于生长时间短,大部分萌条生长量小、细弱,影响压条效果,故压条也不宜太早。因此,锯末围穴压条育苗的最适压条时期为6月中旬~7月初,此时榛子嫩枝的半木质化程度使压条效果达到最好。在辽宁省熊岳地区,6月15日左右是平欧杂种榛子(大果榛子)压条的最适时期。邬俊才等在平欧杂种榛子苗木压条繁育技术研究中,根据辽宁省抚顺地区的气候条件,认为压条时间应选择在6月中旬~7月上旬。陈素传认为,在安徽省六安市裕安区林木良种场,6月上中旬用长50厘米、粗0.4厘米以上的半木质化枝条压条最为适宜。陈刚等认为,吉林省的压条繁殖时期以在6月中下旬为宜。总之,用榛子萌蘖枝条进行压条操作的最适时间以新枝的半木质化程度来判断,判断的标准为:观察到新枝基部的皮孔颜色变为黄褐色,但顶端仍是绿色,表明枝条处于半木质化状态。而木质化程度较高的枝条上部也呈黄褐色。

另外,生产上可采取相应的管理技术措施促进萌蘖发育,如在母株树液萌动期至萌芽前,在灌催芽水的同时施用速效性氮肥1次,可提高母株营养生长速度,促进早发芽,早产生萌蘖,延长萌蘖的生长时间。在辽宁省使用此方法可使繁育时间提前3~5天。

4）摘叶疏枝。榛子母株基部平茬枝条的隐芽在4月15日左右开始萌发，5月中旬开始快速生长，但大部分萌蘖枝条生长量小、细弱。随着时间的推移，进入6月枝条代谢旺盛，生物活性物质含量较高，生长迅速。截至6月10日，辽宁省熊岳地区的大部分榛子萌条茎粗已达0.5厘米，枝条长50厘米左右，枝条处于半木质化状态，是压条最适时期。摘叶疏枝的方法见图10-6。

压条繁育前必须对母株的萌蘖区进行清理，清除杂草与病弱萌蘖枝条，把欲压萌蘖枝条下部的叶片除去，摘叶高度为自地面向上 30~40 厘米。

要疏去树基部过于密集的不适宜压条的细小枝条，可以用修枝剪和手直接疏除，以利于压条作业。

图 10-6　摘叶疏枝

5）机械处理。榛子压条前一般要在枝条基部涂抹生根粉的部位进行机械处理，主要目的是阻止枝条上部养分和生长素向下运输，促进枝条生根。姜忠官在欧洲榛子繁殖技术试验中，对枝条进行纵割（在枝条近地面位置上等距纵割4刀至木质部，长度为2.5厘米）和横缢（在枝条下端用细铁丝缠绕枝条一周，缢至木质部）处理，结果表明用生根粉处理后生根率均有增加，但以横缢处理的增加最多。所以，为了促进压条生根，提高成苗率，应采取横缢措施，并用生根粉处理。

陈刚在大果榛子压条繁殖改良技术中，在萌蘖枝条距离地面 3~5 厘米处用细铁丝环绕后拧紧，对其造成缢伤（图 10-7），深度以达到木质部为准，尽可能保持铁丝拧紧后水平环绕于

图 10-7　横缢处理

萌蘖枝条上，不要倾斜，并保持缢伤创面整齐平滑，避免出现“剥皮”（苗木木质部与韧皮部分离）现象，铁丝松紧度以铁丝环不可左右转动为宜。

注意

在拧铁丝过程中尽量不要对萌蘖枝条除缢伤部位以外的表皮造成机械伤害，以防止感染病原菌。

6）涂抹生根粉。榛子压条苗一般都要用生根粉涂抹，以刺激苗木生根，依生根粉的种类不同，用量也有所区别。陈素传等在欧洲榛子嫩枝压条试验中，使用吲哚丁酸和ABT生根粉1号作为生根促进剂，其中以吲哚丁酸750毫克/升处理的明显优于其他处理。杜春花在欧洲榛子压条繁殖试验中使用萘乙酸和吲哚丁酸促进生根，发现用萘乙酸250毫克/升处理欧榛萌条其生根效果最好。邬俊才等认为，在铁丝勒口处涂抹萘乙酸，用量以100毫克/升为最好。涂抹吲哚丁酸250毫克/升处理欧榛萌条，生根也能达到很好的效果，但根的质量相对较差。陈刚等在大果榛子压条繁殖改良技术研究中发现，ABT生根粉1500倍液的效果较好。王申芳、李建新等分别以欧洲榛子和大果榛子为试验材料，在嫩枝直立压条中用1000毫克/升ABT生根粉处理的成苗效果最好，大果榛子的一、二级苗数是用1000毫克/升吲哚丁酸处理的2.3倍。解明等在杂交榛子压条繁殖试验中发现用1000毫克/升ABT生根粉1、2号涂抹压条枝基部和横缢处理压条枝基部，均有促进杂交榛子压条枝生根和根系生长的作用，二者配合使用可获得较好的生根率和平均生根量。由此可见，枝条生根的难易与生根粉含量多少有关，适当增加生根粉含量，能促进生根。

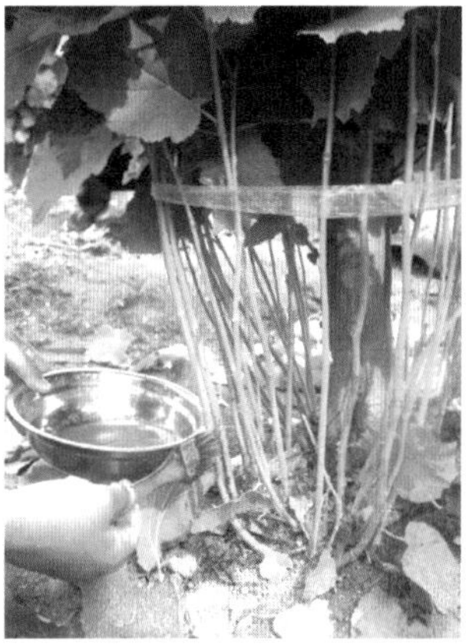
图 10-8　涂抹生根粉溶液

生根粉的涂抹方法：将生根粉用毛刷均匀涂抹在萌蘖枝条缢伤勒口的周围，涂抹范围为勒口上下 3~4 厘米，过小药效无法得到正常发挥，过大则浪费药剂。对于涂抹高度，有不同的研究结果，有研究者建议在横缢处以上 10 厘米高范围涂抹 1000 毫克 / 升吲哚丁酸或 ABT 生根粉；杜春花则认为可以在勒口向上 8 厘米左右的地方均匀地涂抹（图 10-8）或者喷施（图 10-9）不同浓度的生根粉以促进生根。因此，建议生根粉的涂抹高度为横缢处以上 3~10 厘米。药剂涂抹过程中一定要做到整个缢伤勒口及周围区域药剂均匀地连在一起，绝对不可以出现“断条”或“漏涂”现象，以免影响生根效果。

7）培土。对涂完生根粉的植株培土，培土高度为30～40厘米，注意培土要严实，不要留缝（图10-10）。

8）压条后管理。压条培土后灌1次透水。大果榛子一般很少发生虫害，多发病害为白粉病（图10-11），虫害为榛实象鼻虫（图10-12）。

图 10-9　喷施生根粉溶液

图 10-10　培土

图 10-11　榛子白粉病

图 10-12　榛实象鼻虫

①榛子白粉病。此病在东北地区的榛子上多有发生。7~8月若遇连续阴雨天气，白粉病极易迅速蔓延，主要危害叶片，也可侵染枝梢、幼芽和果苞。叶片发病初期，叶片两面先出现不明显的黄斑，不久后在黄斑处长出白粉，然后连成片。病斑背面褪绿，致使叶片变黄、扭曲变形、枯焦、早期落叶，嫩芽受严重危害时不能展叶；枝梢受害时病斑处也生出白粉，皮层粗糙龟裂、枝条木质化延迟，生长衰弱，易受冻害；果苞受害时，其上生白粉，变黄扭曲。8月在白粉层上散生小颗粒（即闭囊壳），初为黄褐色，然后变为黑褐色。

防治方法：一是发现病株丛后，应及时清除病枝病叶；如果是中心病株，则要将其全部砍掉，以减少病源。对于过密的株丛可适当地疏枝间伐，以改善通风透光条件，增强树体抗病能力。二是药剂防治。于5月上旬~6月上旬喷50%多菌灵可湿性粉剂600~1000倍液或50%甲基硫菌灵可湿性粉剂800~100倍液或15%粉锈宁可湿性粉剂1000倍液。7~8月如果雨量偏大可再防治1次。也可喷洒0.2~0.3波美度的石硫合剂，可取得良好的防治效果。

注　意

石硫合剂不宜在夏季使用，以免发生药害。

②榛实象鼻虫（榛实象甲、榛实象）。危害症状为成虫取食嫩芽、嫩枝，使嫩叶呈针孔状、嫩芽残缺不全、嫩枝折断，影响新梢生长发育。成虫还以细长头管刺入幼果，蛀食幼果内的幼胚，使幼胚呈棕褐色干缩状并停止发育，造成果实早期脱落。幼虫蛀入果实会将榛仁的一部分或全部吃掉，并在果内排粪形成虫果。

防治方法：榛实象鼻虫发生面广，生活史长而复杂，世代重叠交替发生。因此，单纯用化学药剂不能得到理想的防治效果，必须采取综合防治方法。一是药剂防治措施，在发现虫卵或少量成虫时可选用甲氰菊酯类药剂或甲维盐或啶虫脒等，在晴天无风的傍晚进行喷雾防治。成虫盛发期可用杀灭菊酯 2000 倍液进行喷雾防治。二是人工防治措施，即在全面集中采收果实时集中消灭脱果幼虫。具体方法为：在幼虫未脱果前采摘坚果，然后集中堆放在干净的水泥地面或木板上，幼虫脱果后集中消灭。

对于虫果特别严重、产量低已无采收食用价值的，可以提前于 8 月上旬 ~ 8 月下旬采果后集中消灭。

（2）带状嫩枝直立压条　当榛子当年新梢基部生长粗度达到0.5厘米以上（图10-13）、新梢半木质化时（一般在5~6月），可以进行直立压条育苗。

榛子直立压条所需材料、工具（图10-14）：生根粉、22 号铁丝、竹竿、塑料条、修枝剪、钳子、电动打药机、铁锹等。

榛子直立压条育苗操作过程见图 10-15。

粗度为 0.5 厘米以上

图10-13　可进行压条的榛子苗

22 号铁丝

竹竿

塑料条

电动打药机

图10-14　直立压条所需材料、工具

摘叶疏枝。把新梢粗度达0.5厘米以上，长度为50厘米左右的半木质化新梢下部叶片去掉，去叶高度为地面以上30~40厘米，疏除新梢基部过密细小的不适宜直立压条的新梢。

铁丝缢割。在新梢基部用细铁丝环绕后拧紧，对其造成缢伤，深度以达到新梢木质部为准，铁丝松紧度以不可左右、上下活动为宜。

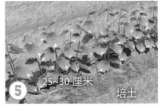

喷施生根粉。用电动打药机将100倍液的生根粉（萘乙酸）均匀喷布在新梢横缢处以上10厘米高范围内。

固定植株。用竹竿和塑料条将新梢基部固定好，防止苗木倒伏，固定高度为30~40厘米。

培土。在新梢基部培土，新梢间不留空隙。培土高度为25~30厘米，新梢内部要填实。

补水。培土后覆盖地膜、接滴灌，根据土壤湿度进行补水，补水之后再把歪扭的新梢扶正。

图10-15　榛子直立压条育苗

（3）弓形压条　弓形压条通常为硬枝压条，于早春萌芽前进行，压条材料为1~2年生萌生枝或下垂枝。压条时沿母株株丛周围挖1条环形沟，沟深、宽均为约20厘米，从株丛中选择枝条弯向沟内，在枝条弯曲部用细铁丝横缢，并在其上部涂上生根粉（1000毫克/升吲哚丁酸），然后培土，将枝条固定在沟内，最后埋土至与地面齐平并踏实。培土后，枝条先端应露出土面并保持压条枝直立向上生长，此后保持土壤湿润，促使压条枝生根。秋季起苗。

（二）扦插苗的培育

生产上，榛子扦插育苗采用嫩枝扦插育苗方式。嫩枝插条组织幼嫩，细胞活性强，容易接受外界刺激产生不定根，目前已经有部分苗木生产单位采用嫩枝扦插育苗方式生产苗木。

扦插育苗的生产周期为 2 年，第 1 年插条生根后，扦插苗长势较弱或不生长，再经过 1 年的培育才能成为商品苗木。

1. 嫩枝扦插的环境要求

杂交榛子嫩枝扦插主要在温室内进行，以便控制温度和湿度。

（1）温度与光照　通过在大棚外覆盖遮阳网来控制棚内温度，扦插育苗期间应保持棚内温度在 25~30℃，最高不超过 35℃。遮光后棚内光照为自然光照的 60%~70%。

（2）水分及湿度　通过每天多次向扦插床（插条叶片）喷雾，保持叶片始终湿润、呈绿色、不萎蔫，棚内空气相对湿度应保持在 95% 以上。

（3）扦插基质　扦插基质可采用河沙、珍珠岩、腐殖土、泥炭等保湿、透水材料，扦插前插床应用高锰酸钾液或其他杀菌剂消毒。

2. 扦插与插床管理

（1）扦插　6 月中旬左右，选择优良品种的半木质化新梢或萌蘖枝条，剪成有 1~2 片叶的插条，每片叶子横向剪成半叶或保留整叶。将剪下的插条在 1000 毫克/升吲哚丁酸中浸泡 10 秒，然后尽快插入插床中。扦插密度以各插条之间互不影响为准。

（2）插床管理　插条的绿色叶片保持达 25~30 天时，插条即可生根，插条生根后应逐步撤除遮阳网和大棚塑料薄膜。扦插后要时刻注意病害的防治，可以定期向床面喷洒杀菌剂。

3. 移栽

已生根的榛子苗可以当年带叶移植到露地，也可在棚内越冬，第 2 年春季移植到露地，再经过 1 年的培育可以出圃。

（三）嫁接苗的培育

我国的榛子优良品种几乎全部采用自根苗（压条苗）栽培，没有采用嫁接苗的主要原因是还没有选育出良好的砧木，嫁接育苗可能是今后榛子优良品种推广的一种重要方式。

榛子嫁接可以采用平榛作为砧木，但由于平榛是矮灌木，其发生根蘖能力强，严重影响接穗的生长，建园后也需不断除蘖，增加生产成本。杂交榛子嫁接繁殖最好采用本砧，即用杂交榛子作为砧木。

1. 平榛砧木的培育

（1）种子处理　选择充分成熟、果仁饱满、无虫眼的平榛果实种子，播种培育实生苗砧木。平榛种子需经过沙藏处理才能发芽。沙藏的温度为 −5℃，处理时间为 60~90 天。北方地区通常在入冬土壤封冻之前，选择地势稍高、较干燥、无鼠害的地方，挖深 70~80 厘米、宽 80~100 厘米的层积沟。选用干净的细河沙，洒水拌湿，沙子的湿度以手握沙成团而不滴水为宜，按照 1∶5 的比例将种子与湿沙混合均匀。先在沟底铺 3~5 厘米厚的沙子，然后将混拌沙子的种子撒入沟内，厚度不超过 50 厘米，最上层再撒 1 层 3~5 厘米的净湿沙，最后埋土填平。

播种前，除掉层积沟上的覆土，每天翻动 1 次沙藏的种子，使上下温度和湿度均匀，当有 50% 的种子开裂、发芽时即可播种。

（2）播种前准备　播种地块宜选择地势平坦、土层深厚、肥沃、排水良好的砂壤土，播种地应在前一年秋季深翻，翻耕深度为 20~30 厘米，以便疏松熟化土壤，消灭土壤中的虫卵和提高土壤保水能力。早春施用底肥，每亩施粪肥 3000~4000 千克，然后起垄，垄宽 60 厘米，在垄台上开播种沟，沟深 5 厘米，沟内浇足底水后播种。

（3）播种　一般在 4 月中下旬进行，播种深度为 5 厘米，株距为 6~8 厘米。播种时，将过筛后的发芽沙藏种子逐个摆放在播种沟沟底，然后覆土 2~3 厘米厚。

（4）苗期管理　播种后 15~20 天即可出苗，此时应避免土壤干旱，并保持土壤疏松无杂草。6 月中旬，待苗生长到约 10 厘米高时，追施速效氮肥 1 次，每亩施尿素 15~20 千克，施后灌水。同时，苗期必须注意病虫害防治，尤其是食叶性害虫的防治。

2. 嫁接方法

榛子的嫁接可采用春季枝接、春季带木质部芽接和冬季室内枝接等方式。春季枝接成活率高，嫁接后愈合良好，嫁接树发育快，是榛子嫁接繁殖的主要方式。春季带木质部芽接嫁接成活率较高，但部分嫁接树亲和性差，嫁接成活后易在接口处折断。冬季室内嫁接为以前采用的主要嫁接方式，但是需要设备设施及场地等，较为复杂，而且成本较高，现已较少采用。

（1）枝接的主要技术要求

①接穗的采集。进入休眠期后或早春萌芽前，在母株上剪取粗细适中、芽体饱满、无病虫害的 1 年生充实枝条为接穗，但以在春季采集接穗为好。接穗采集后需立即进行整理和标记。

②接穗的贮藏。接穗需在低温和湿润的条件下贮藏。可放入地窖或冷库中用湿沙埋藏，温度维持在 1~3℃，贮藏期间应经常检查温、湿度情况，防止接穗发芽、霉烂、失水抽干等。

③蜡封处理。要在嫁接前将接穗进行蜡封处理，将贮藏的接穗冲洗干净、晾干，将接穗剪截成具有 2 个饱满芽的短穗，然后将石蜡熔化，当蜡液温度达到 90~95℃ 时，把剪好的短穗浸入蜡液并立即提出来，使接穗表面覆上一层很薄的蜡膜。将接穗晾干后用塑料袋包装好，将口扎紧，放到 1~3℃ 的环境中贮藏备用。

在无法进行蜡封处理时，也可在嫁接时直接用塑料条将整个接穗包裹缠绕严密，防止接穗失水。

④嫁接。嫁接用砧木可以采用平榛实生苗、杂交榛子实生苗，也可以采用杂交榛子的压条苗。露地枝接一般在砧木发芽前到展叶之间进行，辽宁省大连地区一般在 4 月下旬进行。嫁接主要采用劈接法。

嫁接时砧木宜选 1~2 年生实生苗。一般嫁接砧木的基部粗度以 0.5~1.0 厘米为好。嫁接时先将砧木从距地面 5~10 厘米处剪断，并将横断面削平滑，用劈接刀于砧木截面中央处垂直劈下，深 3~4 厘米。最好选择与砧木粗度相当的接穗，将接穗剪留 2 个芽，并将其下端削成 2 个相对的楔形面，长 2~3 厘米，使有顶芽的一侧厚些。然后将接穗插入砧木，使接穗一边的形成层与砧木的形成层对齐，用塑料条严密绑紧接口。

（2）带木质部芽接的主要技术要求　接穗的采集与贮藏方法同枝接，但以随用随采为好。砧木选择平榛、杂交榛子的 1 年生枝条。嫁接时先在芽下方 1.5~2 厘米处向芽上方斜削一刀（30度），再在芽上约 1 厘米处横切至第 1 刀的位置。芽片长 2.5~3 厘米，厚度不超过接穗粗度的 1/2。砧木接口削法和接芽削法相同，但削面应比芽稍长，深度不能超过砧木粗度的 1/3，然后将接芽快速镶入并绑缚。

3. 嫁接后管理

嫁接后砧木上常萌发很多萌蘖，应及时抹去，以利于接芽成活和正常生长。在嫁接苗新梢生长旺盛期，其接口处愈伤组织幼嫩，新梢也易被风吹折断或遭受损伤。因此，当新梢长到 30 厘米高时，应及时设立支柱引缚新梢。

为了获得健壮的嫁接苗，必须加强肥水管理，及时除草、松土，及时喷药防治发生的食叶性害虫和白粉病。

三、苗木出圃

1. 起苗

用各种方法繁殖的苗木，在圃地经过 1 个生长季的管理，便可起苗出圃。

（1）起苗时期　起苗应在秋季苗木落叶后到土壤结冻前进行，起苗前如遇土壤干旱应事先灌水，待土壤湿度合适时再起苗。要求起出的苗木主根、侧根的长度最少保留 20 厘米，不能伤根过多。

（2）起苗方法　压条苗、扦插苗宜人工起苗，嫁接苗可采用机械起苗；起压条苗时要注意切割压条苗的横缢位置，必须保证全部须根保留在苗木上。下面是榛子直立压条人工起苗的过程（图 10-16）。

图 10-16　榛子直立压条人工起苗的过程

图 10-16　榛子直立压条人工起苗的过程（续）

（3）假植　起出的苗木在正式贮藏之前必须进行临时性假植。

2. 榛子苗木分级

合格的苗木，即可进入商业化栽培园定植的苗木，其基本要求是：苗干高 45 厘米以上，苗木粗度（茎基部直径）为 0.5 厘米以上，有木质化根系 5 条以上。因为榛子苗木为灌木状，有时整形为丛状形，对于苗茎的高度要求不太高，但根系必须发达，苗木粗度在 0.5 厘米以上就可满足栽植要求（图 10-17）。榛子苗木分级标准见表 10-1。

图 10-17　榛子苗木分级

表 10-1　榛子苗木分级标准

	等级	茎		根系		整形带内饱满芽数（个）
		苗木高度 / 厘米	苗木粗度 / 厘米	侧根长度 / 厘米	木质化根条数（条）	
压条苗	一级	≥ 80	≥ 0.8	≥ 20	≥ 10	≥ 5
	二级	≥ 50	≥ 0.5	≥ 15	≥ 8	
扦插苗	一级	≥ 80	≥ 0.8	≥ 20	≥ 10	
	二级	≥ 50	≥ 0.5	≥ 15	≥ 8	

（续）

	等级	茎		根系		整形带内饱满芽数（个）
		苗木高度 / 厘米	苗木粗度 / 厘米	侧根长度 / 厘米	木质化根条数（条）	
嫁接苗	一级	≥ 60	≥ 0.8	≥ 20	≥ 6	≥ 5
	二级	≥ 45	≥ 0.5	≥ 15	≥ 4	
实生苗		≥ 20	≥ 0.3	≥ 15	≥ 4	

3. 苗木的贮藏

秋季出圃的榛子苗木需经过假植、贮藏，至第 2 年春季栽植。我国北方可采用室外地沟或地下窖方式贮藏苗木。

（1）室外地沟贮藏　在苗圃地附近，选避风、干燥、排水良好的地方挖假植沟（图 10-18），沟宽 1 米、深 80~100 厘米，沟长根据苗木数量而定，最好南北向开沟。将苗木根向下、苗干顶部向上

图 10-18　假植沟

图 10-19　榛子苗贮藏

并向一侧倾斜放入假植沟中，放 1 层苗木，培 1 层湿沙（图 10-19）。

苗木贮藏初期，培沙高度应是苗木高度的 2/3，当空气温度降至 0℃ 以下，土壤结冻前，将苗木全部用湿沙埋上，最上层用湿土或玉米秸秆等覆盖，厚度约 10 厘米。

（2）地下窖贮藏　深 2 米的地下窖在北方的冬季可保持苗木需要的温度（-2~2℃）。用湿沙培苗，并让沙子保持湿润，地下窖内空气湿度可保持在 80% 以上，适于苗木假植越冬。窖内的苗木应垂直放置，把根系及苗干 30 厘米以下用湿沙培好，可保证苗木安全越冬。

4. 苗木的包装与运输

榛子苗失水后恢复能力很差，即便用水浸泡也难于恢复原状，严重影响栽植成活率。因此，从起苗、假植、运输到到达栽植地，任何一个环节必须保证榛子苗不失水，其中运输途中应重点保护。

运输少量苗木时，苗木以 30 或 50 株为 1 捆，绑好后外边用塑料袋密封，密封根部的塑料袋内应装少量湿木屑等保持袋内湿度的物质以增加袋内湿度，塑料袋外用编织袋或麻袋包紧。在袋口处挂好标签，标明产地、品种、数量、等级、起运时间等。

长途汽车运输大量苗木时，先将大块塑料薄膜平铺在车箱底部，把待运苗木摆在车厢内，然后用塑料薄膜把全部苗木包起来，保持苗木湿度。塑料薄膜外必须用帆布遮盖并包住苗木。

以秋季起运为宜。由于苗木萌动较早，春季运输对苗木不利。

第十一章　蓝莓苗木生产技术

按照培育方式的不同，蓝莓苗培育可以分为图 11-1 所示几种类型。

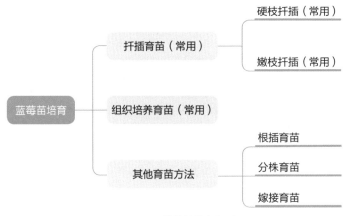

图 11-1　蓝莓苗培育类型

一、苗圃地的选择

蓝莓苗圃地应远离城市和交通要道，距离公路 50 米以外，周围 3 千米以内没有工矿企业的直接污染源（"三废"排放）和间接污染源（上风口或上游的污染）区域，环境要求符合相应规定。蓝莓苗木生长要求阳光充足，冬季 7.2℃以下的低温时间为 450~850 小时，土壤疏松、土层深厚、通气良好。蓝莓苗木适应性强，喜酸性土壤，一般要求土壤 pH 为 4.5~5.5；土壤应松软，有机质含量一般为 8%~12%，喜湿润，抗旱性差。

二、蓝莓苗的培育

蓝莓的繁殖方法较多，总体分为有性繁殖和营养繁殖，有性繁殖的方法主要是实生播种，缺点是容易发生性状分离；营养繁殖的方法主要以扦插繁殖为主，还有其他方法如组培繁殖、分株繁殖、嫁接繁殖等。目前，我国栽培的蓝莓在生产上通常采用扦插繁殖方法。近年来，科研人员对组织培养等手段进行了深入的研究，探索出了一种较为简单的蓝莓繁殖方法，工厂化育苗方法已应用于生产，为蓝莓产业的壮大发展提供了大量的优质无病毒苗木。

（一）扦插苗的培育

蓝莓在生产上通常以扦插的方法繁殖。蓝莓扦插繁殖因种而异，高丛蓝莓主要采用硬枝扦插，免眼蓝莓采用嫩枝扦插，矮丛蓝莓采用嫩枝扦插和硬枝扦插均可。

（1）硬枝扦插　主要应用于高丛蓝莓，但因品种不同，生根难易程度不同。

①剪取插条的时间。育苗数量小时，在春季萌芽前（一般在3~4月）剪取插条，随剪随插，可以省去插条贮存步骤。但大量育苗时需提前剪取插条，一般枝条萌发需要经过800~1000小时的冷温，因此，选择剪取的时间时应确保枝条已有足够的冷温积累，一般来说2月比较合适。

②插条选择。插条应从生长健壮、无病虫害的树上剪取。宜选择枝条硬度大、成熟度良好且健康的枝条，尽量避免选择徒长枝、髓部大的枝条和冬季发生冻害的枝条。若在果园中有病毒病害发生，取插条的树距离病株至少应在15米以上。扦插枝条最好为1年生的营养枝（图11-2）。如果插条不足可以选择1年生花芽枝，扦插时将花芽抹去。

蓝莓的花芽枝生根率往往较低，而且根系质量差。插条位于枝条上的部位对生根率影响也很显著，选择枝条的基部作为插条，无论是营养枝还是花芽枝，生根率都明显高于上部枝条作为插条。因此，应尽量选择枝条的中下部位进行扦插。

③插条处理。插条剪取后每50~100根为1捆，埋入锯末、苔藓或河沙中，温度控制在2~8℃，湿度为50%~60%。此外，低温贮存可以促进生根。削插条的工具要锋利，切口要平滑。插条的长度一般为8~10厘米。上部切口为平切，下部切口为斜切（图11-3）。下切口正好位于芽下，以提高生根率。插条切完后每50~100根为1捆，暂时用湿河沙等埋藏。

图11-2　采集插条

图11-3　剪插条

④扦插床的准备。扦插可以在田间直接进行，将扦插基质铺成宽 1 米、厚 25 厘米的床，长度根据需要而定。但这种方法由于气温和地温低，生根率较低。

应用最多而且比较便宜的是木质结构的架床。用木板制成约长 2 米、宽 1 米、高 40 厘米的木箱，木箱底部钉有筛眼直径为 0.3~0.5 厘米的硬板。将木箱用圆木架离地面。采用这种方法可以有效增加基质温度，提高生根率。

扦插后，扦插床或扦插箱可以直接设在地中，有条件时最好设置拱棚。拱棚塑料以无颜色塑料膜为好，温度过高时应及时放风降温。

河沙、锯末、泥炭、腐苔藓等均可作为扦插基质。比较理想的扦插基质为腐苔藓或泥炭与河沙（1:1）的混合基质。将扦插基质装入营养钵（图 11-4）。

图 11-4　装填扦插基质

⑤扦插。一切准备就绪后，将基质浇透水，保证湿度足够但不积水。然后将插条垂直插入基质中，只露 1 个顶芽（图 11-5）。行株距为 5 厘米 ×5 厘米。扦插不要过密，过密时一是会造成生根后苗木发育不良，二是容易引起细菌侵染，使插条或苗木腐烂。高丛蓝莓硬枝扦插时，一般不需要用生根粉处理，许多生根粉对硬枝扦插的生根作用很小或没有作用。

图 11-5　扦插

⑥扦插后的管理。扦插后应经常浇水，以保持土壤湿度，但应避免浇水过多或浇水过少。在阳光下放置时间过长、水温较高时应等水凉之后再浇，以免伤苗。水分管理最关键的时期是 5 月初 ~6 月末，此时叶片已展开（图 11-6），但插条尚未生根，水分不足容易造成插条死亡。当顶端叶片开始转绿时，标志着插条已开始生根（图 11-7）。

扦插前基质中不要施任何肥料，扦插后在生根以前也不要施肥。插条生根以后开始施肥，

图 11-6　叶片展开的插条

图 11-7　生根的插条

以促进苗木生长。应以叶面肥形式施入，用3%左右的13-26-13或15-30-4完全肥料，每周1次。每次施肥后喷水，将叶面上的肥料冲洗掉，以免伤害叶片。

生根的苗木一般在苗床上越冬，也可以于9月进行移栽培育。如果生根苗在苗床上越冬，在入冬前应在苗床两边培土。

主根育苗期间主要采用通风和去病株的方法来控制病害。大棚或温室育苗要及时通风，以减少真菌病害和降低温度。

（2）嫩枝扦插　嫩枝扦插主要应用于兔眼蓝莓、矮丛蓝莓和高丛蓝莓中硬枝扦插生根困难的品种。这种方法相对于硬枝扦插要求的条件更严格，且由于扦插时间晚，入冬前苗木生长较弱，更容易造成越冬伤害。但嫩枝扦插生根容易，可以作为硬枝扦插的一个补充。

①剪取插条的时间。剪取插条是在蓝莓生长季进行的，由于栽培区域气候条件的差异，没有固定的剪取时间，主要通过枝条的发育来判断合适的时间。比较合适的时间是在果实刚刚成熟期，此时产生二次枝的侧芽刚刚萌发。另外的一个时期是新梢的黑点期，此时新梢处于暂时停长阶段。在以上时期剪取插条，生根率可达80%~100%，过了此期剪取插条，生根率将大大下降。

在新梢停长前约1个月剪取未停止生长的春梢进行扦插，不但生根率高，而且比夏季剪插条多1个月的生长时间，一般6月末即已生根。用未停止生长的春梢扦插，新梢上尚未形成花芽原始体，第2年不能开花，有利于提高苗木质量。而夏季停止生长时剪取插条，花芽原始体已经形成，往往造成第2年就开花，不利于苗木生长。因此，当春梢形成时即可剪取插条。插条剪取后立即放入清水中，避免捆绑、挤压、揉搓。

②准备插条。插条长度因品种而异，一般留4~6片叶，插条充足时可留长些，如果插条不足可以采用单芽或双芽繁殖，但以双芽较为适宜，留双芽既可提高生根率，又可节省材料。为了减少水分蒸发，扦插时可以去掉插条上部1~2片叶。将插条下部插入基质，枝段上的叶片去掉，以利于扦插操作。但去叶过多也会影响生根率和生根后苗木发育。

用同一新梢的不同部位作为插条生根率会不同，基部作为插条时的生根率比中上部作为插条时的生根率高。

③生根促进物质的应用。蓝莓嫩枝扦插时用药剂处理可大大提高生根率。常用的药剂有萘乙酸、吲哚丁酸及生根粉。采用速蘸处理，如 500~1000 毫克 / 升萘乙酸、2000~3000 毫克 / 升吲哚丁酸、1000 毫克 / 升生根粉可有效促进生根。

④苗床的准备。在美国蓝莓产区，最常用的扦插基质是泥炭：河沙（1：1）或泥炭：珍珠炭（1：1）。也可单纯用泥炭作为扦插基质。我国蓝莓育苗中采用的最理想基质为泥炭。泥炭作为扦插基质有很多优点：泥炭疏松，通气好，营养比较全，而且为酸性，用作扦插基质时可抑制大部分真菌生长；扦插生根后根系发育好，苗木生长快。

苗床应设在温室或塑料大棚内，在地上平铺厚 15 厘米、宽 1 米的苗床，苗床两边用木板或砖挡住。也可用育苗塑料盘装满基质。扦插前将基质浇透水。

在温室或大棚内最好使用全封闭弥雾设备，如果没有弥雾设备，则需在苗床上扣高 0.5 米的小拱棚，以确保空气湿度。如果有全日光弥雾装置，嫩枝扦插育苗可直接在田间进行。

⑤扦插及插后管理。苗床及插条准备好后，将插条用生根药剂速蘸处理，然后垂直插入基质中，行株距以 5 厘米 ×5 厘米 为宜，扦插深度为 2~3 个节位。

插后管理的关键是温度和湿度控制。最理想的方式是利用自动喷雾装置调节湿度和温度。温度应控制在 22~27℃，最佳温度为 24℃。

如果是在棚内设置小拱棚，需人工控制温度和湿度，并且为了避免小拱棚内温度过高，需要半遮阴。生根前需每天检查小拱棚内的温度和湿度，尤其是在中午需要打开小拱棚通风降温，避免温度过高而造成苗木死亡。生根之后撤去小拱棚，此时浇水次数也要适当减少。

及时检查苗木是否有真菌侵染，发现时将腐烂苗拔除，并喷多菌灵 600 倍液杀菌，以控制真菌的扩散。

⑥促进嫩枝扦插苗生长的技术。扦插苗生根后（一般需要 6~8 周）开始施肥，施入 3%~5% 的完全肥料，以液态形式浇入苗床，每周施入 1 次。

嫩枝扦插一般在 6~7 月进行，苗木从生根后到入冬前只有 1~2 个月的生长时间。入冬前，在苗木尚未停止生长时给温室增温，利用冬季促进生长。温室内的温度白天控制在 24℃，晚上不低于 16℃。

（3）苗木培育　经硬枝或嫩枝扦插的生根苗，于第 2 年春季移栽进行人工培育。比较常用的方法是用营养钵培育。栽植营养钵可以是泥炭钵、黏土钵、泥土钵和塑料钵，但以泥炭钵最好，苗木生长高度和分枝数量都高。营养钵大小要适当，一般 12~15 厘米口径的较好。营养钵内基质用泥炭（或腐苔藓）与河沙或珍珠炭按 1：1 混合配制。苗木培育 1 年后再定植。

（二）组培苗的培育

组织培养方法已在蓝莓苗木生产上获得成功，应用组培方法繁殖速度快，适宜于优良品种的快速扩繁。具体方法见图 11-8。

① 外植体的选取。在北方地区，一般于蓝莓生长季节选择健壮、无病虫害的半木质化新梢作为外植体。采集外植体应在天气连续晴好 3~4 天后进行。

外植体消毒

② 消毒。给外植体消毒时，一般先用自来水冲洗 30 分钟，然后在超净工作台上用 70% 酒精溶液灭菌 1 分钟，用 0.1% 升汞溶液灭菌 5~10 分钟，用无菌水冲洗 5 次。采用单芽茎段诱导时，灭菌后应切去芽段两端 1.5 毫米。

接种

③ 接种。将单芽接种在改良 WPM 培养基中。注意不要下端朝上放置。动作要快，尽量减少材料与空气的接触时间，减少褐变，提高成活率。

长出新枝

④ 诱导培养。用改良 WPM 培养基进行诱导培养，温度为 20~30℃，光照时间为 12 小时 / 天，30 天后可长出新枝。

⑤ 继代培养。对已建立的无菌培养物，进行继代培养，45~50 天为 1 个周期。温度为 20~30℃，光照度为 2000~3000 勒克斯，光照时间为 12~16 小时 / 天。

⑥ 组培室内炼苗。将准备用于瓶外生根的瓶苗放在强光下，并逐渐打开瓶口炼苗，经常转动瓶身，使之适应外界条件。这个过程一般需 7~15 天。

⑦ 移栽。于 9~11 月让组培室的瓶内幼枝出瓶，去掉基部的培养基，将其剪成 5~10 厘米长的枝段，速蘸 1000~2000 毫克 / 升吲哚乙酸或生根粉后扦插在基质中正常情况下 1 个月后即可成活。

棚室培养扦插苗　　在拱棚内对扦插苗喷雾

⑧ 棚室培养。将扦插后的苗放置在棚室里，安装喷雾设施。控制空气湿度为 90%，温度为 20~28℃。用生物灯补充日光照 16 小时 / 天，以防短日照造成苗木休眠。在扦插生根前 30 天内不施肥，生根后，每周喷施 1%~5% 磷酸二铵 1 次，一直喷到第 2 年 3 月时停止施肥。

图 11-8　组培苗的培育

（三）其他育苗方法

1. 根插育苗

根插育苗法适用于矮丛蓝莓。即于春季萌芽前挖取根状茎，剪成 5 厘米长的根段，在育苗床或盘中先铺 1 层基质，然后平摆根段，间距为 5 厘米，然后再铺 1 层厚 2~3 厘米的基质，根状茎上不定芽萌发后即可成为 1 株幼苗。

2. 分株育苗

分株育苗法适用于矮丛蓝莓。许多矮丛蓝莓品种如"美登""斯卫克"的根状茎每年可从母株向外行走 18 厘米以上，根状茎上的不定芽萌发出枝条后长出地面，将其与母株切断即可成为 1 株新苗。

3. 嫁接育苗

嫁接繁殖常应用于高丛蓝莓和兔眼蓝莓，

蓝莓幼苗

棚室内炼苗。以后随着气温逐渐升高，5 月中旬开始炼苗，棚室应开始逐渐放风，直到全部打开需 20~30 天。此时，幼苗高度为 20~30 厘米，有 3~5 个分枝，即可进行露地培育。将苗木移栽到 12~15 厘米口径的营养钵中，营养土按照园土：泥炭 =1：1 或 2：1 的比例配制，加入适量的有机肥，同时加入硫黄粉 1~1.5 千克 / 米 ^{3}。到秋季培育成大苗后即可定植。

图 11-8　组培苗的培育（续）

嫁接方法主要采用芽接，嫁接的时期是木栓形成层活动旺盛、树皮容易剥离的时期。其方法与其他果树芽接方法基本一致。利用兔眼蓝莓作为砧木嫁接高丛蓝莓，可以在不适于高丛蓝莓栽培的土壤（如山地或 pH 较高的土壤）中栽培高丛蓝莓。

三、苗木出圃

蓝莓苗木出圃的分级标准，见表 11-1。

表 11-1　蓝莓苗木出圃的分级标准

项目	指标	一级			二级		
		矮丛蓝莓	半高丛蓝莓	高丛蓝莓	矮丛蓝莓	半高丛蓝莓	高丛蓝莓
根	不定根数量（条）	≥ 4	≥ 4	≥ 4	≥ 2	≥ 2	≥ 2
	不定根长度 / 厘米	≥ 10	≥ 15	≥ 20	≥ 5	≥ 10	≥ 15
	不定根基部粗度 / 厘米	≥ 0.15	≥ 0.15	≥ 0.2	≥ 0.1	≥ 0.1	≥ 0.15
	须根分布	数量多、分布均匀					

（续）

项目	指标	一级			二级		
		矮丛蓝莓	半高丛蓝莓	高丛蓝莓	矮丛蓝莓	半高丛蓝莓	高丛蓝莓
茎	株高/厘米	≥ 15	≥ 20	≥ 30	≥ 10	≥ 15	≥ 20
	茎粗/厘米	≥ 0.2	≥ 0.3	≥ 0.35	≥ 0.15	≥ 0.2	≥ 0.3
	分枝数量（条）	≥ 2	≥ 2	≥ 2	≥ 1	≥ 1	≥ 1
	成熟度	有 2 个以上标准枝条木质化			有 1 个以上标准枝条木质化		
	芽饱满程度	饱满			饱满		
苗木损伤	机械损伤	无	无	无	轻度	轻度	轻度
	病害	无	无	无	无	无	无
	虫害	无	无	无	无	无	无

注：1. 不定根数，指长度在 10 厘米以上、基部直径在 0.1 厘米以上的根；不定根基部粗度，指根基部 2 厘米处的粗度；株高，指从地表处到茎顶端的长度；茎粗，指插段分枝处或茎距地面 5 厘米处的粗度；芽饱满程度，指苗木中部芽的饱满程度；标准枝，指长度和粗度符合本级标准的枝。

2. 半高丛蓝莓品种之间的株高差异较大，应根据具体情况进行调整。

第十二章 核桃苗木生产技术

按照培育方式的不同，核桃苗培育可以分为图 12-1 所示几种类型。

图 12-1 核桃苗培育类型

一、苗圃地的选择

选择圃地是育苗成败的基础。选地不良会影响苗木的产量和质量，延后出圃期，增加成本。培育核桃苗宜选择土壤肥沃、土层厚度在 1 米以上、背风向阳、水源便利、排水良好、有机质含量高的地块。同时，地块应交通便利和具有完备的电力设施条件，尽量避免使用重茬地。

二、核桃苗的培育

（一）实生苗的培育

1. 种子的选择和采集

（1）采集要求　播种用的核桃种子必须选自品质优良、丰产、生长健壮、适应性强、无病虫害的优良母树植株。

（2）适当晚采　在种子完全成熟，全树果实的青皮有 30%~50% 裂开时采收为宜。

（3）采后处理　采后，脱去青皮，将种子薄摊于通风干燥处晾干，然后进行粒选，选好后贮藏于干燥处备用。

2. 播种前必须对种子进行处理

核桃种子壳厚，必须经过一定时期的后熟过程才能发芽。秋播的种子可在田间完成后熟，不需要处理。春播的种子必须进行处理，常用的方法如下：

（1）沙藏（层积处理）

①水选。在播种前 3 个月先对种子进行水选。即将种子放入清水中浸泡 2~3 天，把漂浮在水面上、种仁不饱满的种子捞出淘汰，沉在水下的种子取出，用湿沙贮藏。

②沙藏地点及规格。选择地势高燥、冷凉通风、地下水位低的背阴处挖沟，沟的深度、宽度均为 80~100 厘米，长度依种子的数量而定。

③沙藏过程。先在沟底铺 1 层 10 厘米厚的湿沙，依次按 1 层种子 1 层湿沙的方式放置到距离沟口 15~20 厘米处，在上面覆沙与地面相平，其上再覆厚约 30 厘米的土。同时，在沟内每隔 2 米竖 1 束秸秆，以利于通风，防止种子霉烂。沙藏期间要经常检查湿度、温度和种子变化情况，特别是在温度较高的月份。经过 60~80 天的沙藏处理，于 3 月中下旬开始播种。

（2）浸种催芽　对冬季没来得及沙藏处理的种子，春季播种前可用浸种催芽法处理，促进种子发芽和提高出苗率。

①冷水浸种。将种子置于冷水中，每 2 天换 1 次水，或用麻袋装着种子放在流动水中浸泡 7~10 天，当大部分种子膨胀裂口时即可播种。在有些地区，将浸泡过的种子在阳光下暴晒 1 小时，效果较好。

②高温处理。将种子放入缸内，倒入 80℃以上的热水，搅拌至不烫手为止，然后每隔 2~3 天换 1 次冷水，共浸泡 7~10 天，当大部分种子膨胀裂口时即可播种。

③石灰水浸种。用 10% 生石灰溶液浸种 7~10 天即可播种。这种方法适用于缺水地区。

④冷浸催芽。冷水浸种 3~4 天后，选择通风、光照良好处，挖 1 条深度、宽度均为 50 厘米的沟，长度依种子数量而定。沟底铺 5~10 厘米厚的沙，然后按 1 层湿沙 1 层种子的方式放置到距坑口 5~10 厘米处，再覆沙到与地面相平，每天喷水 2 次。10~15 天后种子壳皮裂口、开始萌动时即可播种。

3. 选择播种时期

（1）春播　华北地区多采用春播，一般在 3 月中旬 ~4 月上中旬进行。

（2）秋播　冬季较温暖地区可采用秋播，通常在 9 月下旬 ~10 月底进行。

4. 做好播前准备及合理播种

（1）施肥、整地、做畦　选择好苗圃地以后，要提前进行整地，施足基肥，用量为 2000~3000 千克／亩，在充分腐熟的有机肥中加入 20~30 千克过磷酸钙和 20~25 千克草木灰，也可加入一定量的复合肥或果树专用肥。施肥后耙磨整平，灌足底水，水下渗后方可播种。平地或地下水位较高的地块最好做成高畦，缓坡地或地下水位低的地块可做成平畦，便于管理或嫁接。

（2）合理播种

①开沟点播。多用于苗圃育苗。其行距为30~40厘米，株距为15~20厘米。大粒种子的播种量为150千克/亩，较小粒种子的播种量为150~180千克/亩。每亩出苗量为5000~8000株。

②穴播。适用于直播建园。即按定植距离挖穴，生产上多采用深坑浅埋法。穴宽、穴深均为30厘米，坑下施足有机肥，播后覆土厚度为10厘米左右，上面留15厘米深的浅坑，以利于蓄水保墒。每穴放入2粒种子，出苗后再行移栽。

③播种。播种时要注意种子的安放方式，要求种子横卧、缝合线与地面垂直，有利于种子发芽、根系舒展和幼茎直立。

5. 加强播后管理

播后30~40天，种子出苗。为保证成活，要做好苗期管理。

（1）浇水保墒　种子播后到出苗前要保持土壤湿润，忌浇穴水。

（2）施肥灌水　每亩追施10~15千克尿素和15~20千克硝酸磷复合肥。9月以后停止灌水，以利于幼苗生长充实，安全越冬。

（3）中耕除草　幼苗出齐后，要进行中耕除草，保持土壤疏松、无杂草。

（4）做好病虫害防治　核桃幼苗易感染立枯病、白粉病等，生产上要做到早发现、早治疗。

（二）嫁接苗的培育

1. 砧木选择

（1）共砧　共砧即用当地生长的普通核桃品种的实生苗作为砧木。

（2）核桃楸　核桃楸适于在我国华北、西北各地作为砧木用，是生产上应用较多的砧木。

（3）其他　麻核桃、野核桃均为北方各地应用广泛的砧木。此外，铁核桃、新疆野核桃和枫杨在各地也有应用。

2. 接穗的处理和贮藏

对于选好的接穗，剪取后应立即剪除其叶片（芽接的接穗应保留长1~2厘米的叶柄）并放入水桶内或置于湿沙中保湿（图12-2）。需要贮运的接穗或冬前采下的枝接接穗应剪成长3~5芽的枝段，最好在95~100℃的石蜡中速蘸，蜡封后将50~100根捆成1捆，标明品种后运输或放在10℃以下的湿沙中在地窖内贮藏备用。

图12-2　核桃接穗

3. 嫁接时期

（1）枝接时期　华北或西北地区在谷雨到立夏间进行枝接。

（2）芽接时期　在6~9月进行芽接。6月嫁接的核桃，当年能萌发生长，8月以后嫁接的核桃多不萌发。

4. 嫁接方法

核桃的嫁接方法有枝接和芽接两种。

（1）枝接　生产上多采用劈接法。

（2）芽接　具体方法有方块芽接、"T"形芽接（图12-3）及套芽接等。生产上多用方块芽接法，其具体操作过程见图12-4。

图12-3　"T"形芽接

切砧木。其砧木为1~2年生苗，在距地面10~15厘米的表皮光滑处，切与芽片大小相一致的方块形切口。

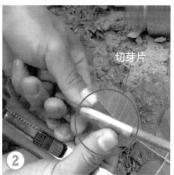

切芽片。在接穗上切取长约4厘米、宽2~3厘米的方形芽片。

嫁接过程。撬开砧木切口皮层，将芽片从侧面插入，要使砧木、芽片双方紧密结合，形成层密接，用塑料条自下而上绑严扎紧。

图12-4　方块芽接

5. 接后管理

（1）适时解绑　枝接苗在6月上旬、芽接苗在成活20~30天，要及时解绑（图12-5），并及时除去砧芽，剪除砧梢。

（2）设立支柱　在风大的地区，在新梢长到20~30厘米时需设立支柱。先把支柱绑在砧木上，再采用倒"八"字形法将新梢绑在支柱上，不要太紧，当新梢长到50~60厘米时再绑第2次。

（3）除萌　及时除去砧木上萌发的枝条，以节约养分，集中供应新梢生长。

（4）施肥灌水　嫁接后植株生长最旺盛，需肥量大，应及时追肥。新梢生长期要适时灌水，同时要做好病虫害防治工作。

图12-5　方块芽接——解绑后

三、苗木出圃

核桃根深，主根发达，起苗时根系容易受到损伤。为减少伤根和起苗容易，要求在起苗前1周灌1次水（图12-6）。北方地区的核桃幼苗在冬季容易抽条，所以起苗时间一般在秋季落叶后至土壤封冻之前，过早起苗，叶片中的营养未回流，叶柄未脱落，假植易腐烂。起苗时注意不要损伤大根，也不要伤及苗木皮层，完好的根系有利于苗木成活和栽后的生长。将起出的苗木分级并打捆，每捆扎2道绳，一道在根部，一道在中部，切记捆紧，以防散捆造成品种混淆。分级打捆后要系好品种标签，然后分品种、分等级假植在不同的地段并绘制假植图。假植沟深40~50厘米，将苗木与地面成45度角摆放在沟内，用细土埋严，然后用手逐捆左右摆动，使土埋严根部，再用脚在捆间踏实，再埋土，直至苗木中部。最后顺沟浇

图12-6　在核桃苗起苗前灌水

水，待水渗下后再检查、覆土踏实。秋季未售完的苗木应重新埋土假植，在封冻前全部埋入土下。

　　核桃嫁接苗要求品种纯正，砧穗结合牢固，愈合良好，接口上下的苗茎粗度一致；干茎通直，充分木质化，芽体饱满，无冻害、风干、机械损伤和病虫危害等；出圃的苗木要根系发达，须根多，断根少。核桃嫁接苗分级标准见表 12-1。

表 12-1　核桃嫁接苗分级标准

项目	等级		
	特级	一级	二级
苗木高度 / 厘米	≥ 100	≥ 60~100	≥ 30~60
苗木粗度 / 厘米	≥ 1.5	≥ 1.2~1.5	≥ 0.8~1.2
主根长度 / 厘米	≥ 25	≥ 20~25	≥ 15~20
侧根长度 / 厘米	≥ 20	≥ 15~20	
侧根数量（条）	≥ 15	≥ 10~15	≥ 6~10
检疫对象	无		
病虫害	无		

参考文献

［1］高新一.果树嫁接技术图解［M］.北京：金盾出版社，2009.

［2］孟凡丽.园艺苗木生产技术［M］.北京：化学工业出版社，2015.

［3］冯莎莎.林木果树嫁接一本通［M］.北京：化学工业出版社，2016.

［4］马宝焜，高仪，赵书岗.图解果树嫁接［M］.北京：中国农业出版社，2010.

［5］张力飞.园艺苗木生产实用技术问答［M］.沈阳：辽宁教育出版社，2009.

［6］王庆菊，孙新政.园林苗木繁育技术［M］.北京：中国农业大学出版社，2007.

［7］张力飞，王国东，梁春莉.图说北方果树苗木繁育［M］.北京：金盾出版社，2013.

［8］张传来.果树优质苗木培育技术［M］.北京：化学工业出版社，2013.

［9］张耀芳.北方果树苗木生产技术［M］.北京：化学工业出版社，2012.

［10］赵进春，郝红梅，胡成志.北方果树苗木繁育技术［M］.北京：化学工业出版社，
    2012.

［11］侯义龙，杨福新.北方果树优质苗木繁育技术［M］.大连：大连出版社，2004.

［12］刘宏涛，等.园林花木繁育技术［M］.沈阳：辽宁科学技术出版社，2005.

［13］蔡冬元.苗木生产技术［M］.北京：机械工业出版社，2012.

［14］史玉群.全光照喷雾嫩枝扦插育苗技术［M］.北京：中国林业出版社，2001.

［15］张福墁.设施园艺学［M］.2版.北京：中国农业大学出版社，2010.

［16］王国东，张力飞.园林苗圃［M］.大连：大连理工大学出版社，2012.

［17］蒋锦标，卜庆雁.果树生产技术（北方本）［M］.北京：中国农业大学出版社，2011.

［18］王国平，福昌.果树无病毒苗木繁育与栽培［M］.北京：金盾出版社，2002.

［19］李建明.设施农业概论［M］.北京：化学工业出版社，2010.

［20］王国平，洪霓.果树的脱毒与组织培养［M］.北京：化学工业出版社，2005.

［21］陈国元.园艺设施［M］.苏州：苏州大学出版社，2009.

［22］别之龙，黄丹枫.工厂化育苗原理与技术［M］.北京：中国农业出版社，2008.

［23］史玉群.绿枝扦插快速育苗实用技术［M］.北京：金盾出版社，2008.

［24］李烨，赵和平，李红涛.浅谈苹果育苗存在问题及解决措施［J］.山西果树，2008（6）：
    35-36.

［25］吕尚斌，位劼.山杏容器育苗技术［J］.北方果树，2011（2）：40.

［26］鞠志新.园林苗圃［M］.北京：化学工业出版社，2009.

［27］王振龙.植物组织培养［M］.北京：中国农业大学出版社，2007.

［28］俞禄生.园林苗圃［M］.北京：中国农业出版社，2002.

［29］张开春.果树育苗关键技术百问百答［M］.2 版.北京：中国农业出版社，2009.

［30］陈海江.果树苗木繁育［M］.北京：金盾出版社，2010.

［31］张廷华，刘青林.园林育苗工培训教材［M］.北京：金盾出版社，2008.

［32］高梅，潘自舒.果树生产技术（北方本）［M］.北京：化学工业出版社，2009.

［33］吕松梅.苹果育苗夏季管理技术要点［J］.果农之友，2008（7）：15.

［34］郑金利，王道明.杂交榛子苗木繁育技术［J］.北方果树，2007（2）：41–42.

［35］王双喜.设施农业装备［M］.北京：中国农业大学出版社，2010.

［36］黄国辉，姚平.草莓高效栽培新技术［M］.沈阳：辽宁科学技术出版社，2001.

ISBN：978-7-111-55670-1
定价：59.80 元

ISBN：978-7-111-64046-2
定价：65.00 元

ISBN：978-7-111-60995-7
定价：35.00 元

ISBN：978-7-111-54710-5
定价：25.00 元

ISBN：978-7-111-67622-5
定价：39.80 元

ISBN：978-7-111-47444-9
定价：19.80 元

ISBN：978-7-111-62607-7
定价：25.00 元

ISBN：978-7-111-59206-8
定价：29.80 元